農家女性のグループ活動と生きがい

活き活きと暮らす中高年女性たち
半世紀のグループ活動から見えてきたこと

大槻優子 著

養賢堂

目　　次

序章　研究の動機と方法……………………………………………… 1
第1節　研究の動機…………………………………………………… 1
第2節　本研究の目的と方法………………………………………… 2
第3節　本研究の枠組みと論文構成………………………………… 6

第1章　「生きがい」の定義の検討…………………………………… 9
第1節　生きがいをテーマをとする先行文献の概要……………… 9
1. 生きがい研究の動向………………………………………………… 9
2. 年代別研究の特徴……………………………………………………13
3. 生きがい研究にみる対象者…………………………………………21
4. 生きがいの構造・構成要素…………………………………………22
第2節　本研究における「生きがい」の定義………………………31

第2章　戦後日本の農業と農家…………………………………………33
第1節　農業経営…………………………………………………………33
1. 農家数の減少…………………………………………………………34
2. 耕作面積の縮小………………………………………………………36
3. 兼業化…………………………………………………………………38
4. 農業の機械化・化学化………………………………………………39
5. 変動の要因……………………………………………………………40
6. 小活……………………………………………………………………41
第2節　農家生活と農家成員……………………………………………42
1. 農村家族の世帯構成…………………………………………………42
2. 農業の担い手…………………………………………………………43
　　2-1)　農家人口の高齢化 ……………………………………………43
　　2-2)　農家女性の役割の変化 ………………………………………45
3. 農家生活の変化………………………………………………………46
　　3-1)　生活時間の変化………………………………………………46

3-2）家族形態の変化···48
　　3-3）価値観の変化···48
　4．小括··51

第3章　生活改善普及事業···53
第1節　わが国における生活改善普及事業の成り立ち·············53
　1．生活改善普及事業の基本方針···································53
　2．生活改善普及活動の手引··55
第2節　岩手県における生活改善普及事業の変遷···················55
　1．生活改善普及事業へのとりくみ·································55
　2．岩手県における生活改良普及員の養成·······················56
　3．生活改善普及事業の課題と指導内容··························56
　4．生活改善グループの育成··66

第4章　農家女性に対する普及活動　―岩手県を中心に―·········69
　1．調査の概要··69
　2．データ収集について···69
　3．生活改良普及員の背景··69
　4．生活研究グループ活動を行う農家女性·······················72

第5章　戦後の農家女性···81
第1節　農家女性に関する先行研究·······································81
第2節　農業に従事する農家女性···83
　1．女性基幹的農業従事者··83
　2．女性認定農業者・女性農業委員·································84
　3．家族経営協定··85
　4．給与や報酬··88
第3節　農家女性の労働の変化··90
第4節　農家女性の社会的地位··92
　1．社会参画の推移··92
　2．経済力の意義··94

第6章　生活研究グループ活動と生きがい　―岩手県T地区を事例として― ………97
第1節　なぜT地区の事例なのか……………………………………………………97
第2節　T地区における農業経営と家族役割の変化（1955年，1975年，
　　　　　1975年，2005年時の農業経営と家族役割）……………………… 100
　　1．調査の概要………………………………………………………………… 101
　　2．農業経営の変化と家族役割の変化……………………………………… 106
　　3．小活………………………………………………………………………… 126
第3節　生活研究グループ活動と農家女性………………………………………… 126
　　1．調査の概要………………………………………………………………… 127
　　2．本調査における倫理的配慮……………………………………………… 127
　　3．T地区生活研究グループの活動の変遷………………………………… 128
　　4．T地区生活研究グループに参加する農家女性の活動………………… 128

第7章　農家女性はどのように生きがいを築き上げたのか………………………… 157
第1節　あらためて生きがいの定義と構造について……………………………… 157
　　1．生きがいの要素…………………………………………………………… 157
　　2．本研究における生きがいの定義………………………………………… 157
第2節　T地区生活研究グループ農家女性の生きがい…………………………… 157
　　1．農家女性の生きがいの様相……………………………………………… 158
　　2．農家女性の世代別にみる生きがいの特徴……………………………… 169
第3節　農家女性の生きがいに影響を及ぼす要因………………………………… 174
　　1．生活改良普及員の指導…………………………………………………… 174
　　2．グループ育成と地域女性リーダー……………………………………… 175
　　3．グループを取り巻くネットワーク……………………………………… 177
　　4．小活………………………………………………………………………… 177

終章　いきいきと過ごす高齢化社会への展望………………………………………… 181
第1節　各章で得られた知見………………………………………………………… 181
第2節　高齢化社会における生きがいのある生き方への提言…………………… 181
　　1．自己の生きがいに影響を与える要因…………………………………… 182
　　2．個々人が生きがいをもつことの意義…………………………………… 183
　　3．性別役割分業意識の融合をめざして…………………………………… 184

第3節　残された課題…………………………………………… 187
　　1．調査項目の設定に関する問題………………………………… 187
　　2．高齢化社会における性別役割分業意識のとらえ方………… 187

文献………………………………………………………………………… 190
あとがき…………………………………………………………………… 198
索引………………………………………………………………………… 200

序章　研究の動機と方法

第1節　研究の動機

　わが国における高齢化は世界最高水準となり，2014年度版高齢社会白書では総人口に占める65歳以上の高齢者人口は，過去最高の3,190万人（前年度3,079万人）で，その割合は25.1％（前年度24.1％）となっている．高齢者に対する福祉政策は，1963年（昭和38）に制定された老人福祉法に始まっている．この法律の目的は「老人に対し，その心身の健康の保持及び生活の安定のために必要な措置を講じ，もつて老人の福祉を図る」[1)]ことであり，高齢者は「支えられる人」であった．その後も高齢化は急速に進み，高齢社会の課題は介護問題への対応であるとみなされるようになった．急速な高齢化は，医療や介護を必要とする高齢者の増加となり，行政は2000年（平成12）より介護保険法に基づき介護に関する社会保険制度として介護保険を導入した（厚生労働省 2015）．

　高齢化社会を迎え，日々メディアからは医療費の増加や介護に関する施設や担い手不足が報じられ，筆者は高齢化社会における課題は介護問題であるという認識を持つようになった．高齢化社会の課題は介護問題であるという認識をもった筆者は，中山間地域における中高年の農家女性と出会い，特に70歳～80歳代の女性が生き生きと楽しそうに作業をしている様子に強烈な印象を受けた．筆者が農家女性の様子に「強烈な印象」を受けた理由は，「高齢者」を介護・福祉の視点で捉えていたことによる．確かに，高齢者に対する福祉政策が始まった1960年代の高齢者に対する捉え方は「支えられる人」であった．しかし，高齢化社会に備えて1989年（平成元）に策定されたゴールドプラン（高齢者保健福祉推進10ヵ年戦略）では，長寿という視点が導入され，高齢者の生きがいづくりが柱の一つとされた．その後，福祉サービスは行政から一方的に提供されるものでなく，個人の選択＝自己責任が問われるようになり，高齢者は自助努力および自立が求められるようになった（樋口 2004）．内閣府の「高齢社会対策に関する特別世論調査」によると，高齢者の捉え方を「65歳以上よりも高い年齢とすべき」と回答したものが44.4％であった．また，同調査において「高齢者も社会の支え手・担い手の側にまわるべきという見方について」に，88.5％が「そう思う」

と答えている（内閣府2005）．このように，社会の人々の高齢者に対する認識は変化していたが，筆者の高齢者に対する認識は「介護を必要とする支えられる人」であり，その像にあてはめて彼女たちをみていたので，実際と筆者の認識との乖離に強烈な印象を受けたのである．

　高齢者に対する福祉政策が始まった1960年代は，経済の高度成長期であり，都市部では多くの労働力を必要とし，農村の人口が都市へと流出した．その結果，1970年代に入り農村地域における労働力の弱体化とともに農業の担い手自身の高齢者問題として注目され始めた．しかし，1980年代に入ると，高齢者を農業の担い手として積極的に位置づける必要性が指摘され，1990年代以降はそうした傾向がより顕著になった（小内2007）．この背景には，世界保健機関（WHO）によって「生活の質を重視した新しい高齢者の働き方，生き方」として提唱された「アクティブ・エイジング」の考え方がある．一方，農村では農業機械の大型化，兼業化が進行し，農業技術水準の革新は，労働組織として直系家族の範囲（それだけの成員数）を必要としなくなり，個別主義的な規範が浸透していくこととなった（熊谷1995）．家族関係の個人化が女性成員にとっては，従来の家族内の地位から相対的に独立した個人としての活動領域を確保することを可能にしたと言える（熊谷2000）．

　筆者が出会った農家女性たちは，生活改善普及事業から発展した「T地区生活研究グループ」のメンバーであることが後に明らかとなった．生活研究グループで活動するT地区の中高年女性が，現役で生き生きと活動している理由は何か，その活動は生活改善普及事業とどのように関連しているのか明らかにしたいと考え，中高年の農家女性の活動と生きがいについて研究するに至った．

注
1) http://law.e-gov.go.jp/htmldata/S38/S38HO133.html（2015.9.30閲覧）

第2節　本研究の目的と方法

　高齢化社会を迎え行政による施策の整備が進められ，高齢者の活性化を目的に各自治体では健康づくりや生きがいづくりへの取り組みが行われている．高齢者に対する施策の整備とともに，高齢者の生きがいに関する研究も蓄積されているので，先行研究について概観する．

長谷川は，農村地域，都市近郊農漁村地域および大都市近郊地域を対象に，地域別にみた高齢者の「生きがい」の実証研究について報告している．まず，農村地域に居住する高齢者の「生きがい」の有無について関連要因を明らかにした．女性の前期・後期高齢者では，交友活動と正の相関を認めた．また，性別に関係なく全ての世代において，散歩・運動・趣味などの余暇活動および知的能動性と「生きがいあり」との間に，正の相関を認めている（長谷川　2003：66）．次に，都市近郊農漁村地域における在宅高齢者を対象に，「生きがい」の構造モデルを設定し共分散構造分析をおこなった．「生きがい」を高めるための対象は，男女共通して「ボランティア活動」，「学習や教養を高める活動」，男性では「自治会等の活動」，女性では「社会の役割」である（長谷川　2003：81）．

　３つ目の調査は，大都市近郊地域における在宅高齢者の「生きがい」の有無について，その関連要因を明らかにした．大都市近郊地域に居住する高齢者の「生きがい」には，男女差や世代差があることが示された．男性の前期高齢者では，生命に関わる疾患や入院経験などの身体状況が「生きがいあり」と負の関連を有する可能性が示唆され，さらに近所や友人づきあいの頻度と正の関連を認めていた．また，男性の後期高齢者と女性の前期高齢者において，集団活動への参加の高さと正の関連を認めたと報告されている（長谷川　2003：97）．

　長谷川の実証研究により，農村地域の高齢者と大都市近郊地域における在宅高齢者の「生きがい」の有無についての関連要因として次のことが明らかにされた．農村地域に居住する女性は前期・後期高齢者ともに交友活動が生きがいに影響し，さらに性別に関係なく全ての世代において，余暇活動および知的能動性が生きがいに影響していた．次に大都市近郊地域に居住する男性前期高齢者は，自身の健康が脅かされると「生きがい」に影響し，男性後期高齢者と女性前期高齢者は，ともに集団活動への参加が影響していた．都市近郊農漁村地域に居住する高齢者は，ボランティア活動や自治会など社会との関わりが「生きがい」増進に繋がっていた（長谷川　2003：83）．

　本論文では，中高年の農家女性の活動と生きがいをテーマとしている．そこで農村地域の高齢者に視点を当てた先行文献をみると，二宮一枝や小林珠美らの報告がある．二宮（一枝）は，中山間地域における中高年の地域活動と定住願望・生きがいとの関係について調査した結果，「生きがいの第１位は男女ともに仕事，２位が孫の成長，家族の団らん，友人・近所づきあい」であったと報告している（二宮他　2004：75-85）．同様に，山間地域の高齢者を対象にした小林（珠

美）らは，山間地域で在宅型の地域産業に従事している高齢者を対象に，高齢者のQuality of Life（以下QOL）の実態や就業が，QOLに及ぼしている影響について明らかにした．対象者が従事している業務は，紅葉，柿，南天，椿の葉，梅や桃，桜の花などを和食料理の「つまもの」として商品化することである．QOLの評価は主観的幸福感と主観的健康感により把握し，「仕事を通して，収入を得ることだけでなく，自分への自信や社会とのつながりを得ていたことから，高齢者の就業がQOLに強く関連している」と高いQOLを示したことを述べている（小林（珠美）2008：23）．また，対象者の生きがい感の有無では72.5％が「ある」と答え，その内容を見ると1位が「働くこと（家事含む）」で47.5％，男女別では男性が33％，女性が59％となっている．さらに，仕事を継続する理由の上位を見ると，1位が「収入を得ること」で，「生きがい」「健康維持」がこれに続いている．

　さらに，農村地域の女性を対象にした研究を見ると，「働くことが生活リズムを維持しやすくし，生活リズムが健康維持に重要であり，健康感が幸福感に大きく影響を及ぼしている」と藤井らが報告している（藤井 2011：15-24）．

　二宮（一枝）や小林ら，藤井らの報告から，高齢者が仕事をしていることは生きがいや健康感，幸福感に影響し，その仕事が地域産業へ従事する場合には，収入が得られ高齢者自身の自信や生きがいとなり，ひいては健康感や幸福感につながって行くのであろう．

　ここまでの先行研究をまとめると，居住地域の特性に関係なく男性高齢者の場合は身体的健康の状況が生きがいに影響を及ぼし，女性高齢者の場合は，交友活動，社会の役割，集団活動への参加という社会的なつながりを持つことによって生きがいが高められる．そして，山間地域の地域産業に従事している高齢者は就業することが自己への自信，生きがいをもたらし，特に女性高齢者では健康感や幸福感につながるということが言える．

　本書では，生活改善普及事業から発展した「生活研究グループ」で活動している中高年の農家女性たちをとりあげ，特に「自己の生きがい」に着目する．「生活研究グループ」の活動を行う農家女性を対象に，生活研究グループ活動がもたらす生きがいについて明らかにすることを目的とする．生きがいを明らかにする過程において，生活改善普及事業が戦後どのように行われていたのか，また普及事業における生活改良普及員による指導の実際を把握し，その指導が農家女性にどのような影響を与えたのか分析する．さらに，生活研究グループの活動を継続

するなかで，1955年（昭和30）から2005年（平成17）の50年間における農家の家族役割や農業経営の変化，女性の教育水準，結婚や就労の実態を把握し，地域社会の変化が農家女性にどのような影響を与え生きがいをもたらしているのか明らかにすることを目的とする．

方法は，本研究における生きがいを定義するため，これまでに生きがいをテーマとして発表された主要な先行研究を対象とする．つぎに，わが国の戦後における農業経営ならびに農家女性に関する資料は，農林水産省の統計書（農業センサス，農山村漁村女性に係る基礎統計データ）と関連する先行研究から得ることとした．また，T地区の農業経営についてのデータは，T地区16戸の農家を対象とした面接調査から得る．生活改善普及事業に関する資料は，農林水産省で管理されている会議議事録と岩手県中央農業改良普及センターに保存されている報告書，ならびに生活改善普及事業に関連する先行研究から得る．具体的な生活改善普及事業についてのデータは，岩手県の改良普及員[2]と元生活改良普及員の5名を対象とした面接調査による．さらに，本研究で着目している「生活研究グループ」で活動する農家女性についてのデータは，T地区生活研究グループに所属する7名の農家女性の面接調査から得ることとした．

分析においては，本研究の軸となる生きがいの捉え方を明確にしたうえで，生活研究グループで活動する農家女性の生きがいを分析する．分析においては，本研究の枠組みに（図0-1）において独立変数として設定した，①調査対象者の基本的属性と農業経営，生活研究グループ，影響要因とした，②戦後の日本の農業経営と家族役割，生活改善普及事業における岩手県の具体的な取り組み，生活改良普及員からみた農家女性の変化に視点をあてる．この①，②の独立変数と影響要因の結果から，本研究で従属変数とした③生活研究グループ活動がもたらす生きがいについて，「自己の価値観」，「自己の意欲・積極性」，「自己の充足感・満足感・存在感」に沿って考察する．

これらの作業を通して本研究で明らかにしたいことは，中高年女性のグループ活動の意義である．前述の先行研究の結果から，女性高齢者は交友活動，社会の役割，集団活動への参加という社会的なつながりを持つことによって生きがいが高められることが明らかになっている．生きがいについての研究は，高齢者福祉に関する重要な課題であり，多くの高齢者福祉施策の基本理念である．したがって中高年女性の活動に視点をあてることは，一人ひとりがどのように老いを迎えるのか，個々の状況に応じた多様な生き方を見出すための示唆が得られ，高齢者

保健福祉施策に関して意義のある知見をもたらすことができると考える.

注
2) 1991年（平成3）より生活改良普及員から改良普及員に名称変更.

第3節　本研究の枠組みと論文構成

　図0-1は本論文の研究枠組みを示している．本論文の目的は，生活研究グループで活動する農家女性一人ひとりの生きがいについて明らかにすることである．従って本研究では従属変数を生活研究グループ活動の意義として3つの次元を設定した．3つの次元は「自己の価値観」「自己の意欲・積極性」「自己の充実感・満足感・存在感」である．まず，第1の次元の「自己の価値観」は，自己の人生に対する考えである．自分の生きがいとは何かという問題は，自己の人生をどう考えるかという人生観の問題であり，生活研究グループの活動が自己の価値観とどのように関連しているのか分析する．次の次元は「自己の意欲・積極性」であ

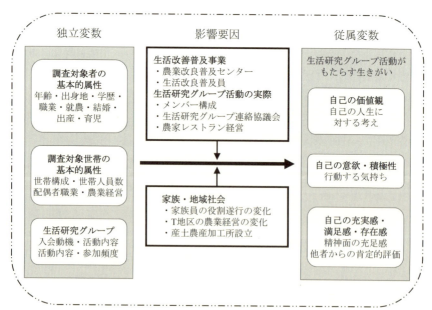

図0-1　本研究の枠組み[3)]

り，行動する気持ちを変数として分析する．第3の次元は「自己の充実感・満足感・存在感」であり，2つの変数を設定し，精神面の充足感と他者からの肯定的評価をあげた．生活研究グループの活動は精神面の充足感をもたらしているのか，またこの活動は他者からどのような評価を得ているのか把握し分析する．

次に，独立変数として「対象者の基本的属性」「対象者世帯の基本的属性」「生活研究グループ活動」を設定した．

最後に，従属変数の結果に影響すると考えられる「生活改善普及事業」「生活研究グループの活動の実際」「家族・地域社会」の3つの次元を影響要因として設定した．「生活改善普及事業」の変数は，農業改良普及センター，生活改良普及員とし，「生活研究グループの活動の実際」は，生活改善普及活動から発展し現在に至っており，どのような経過をたどってきたのか明らかにするためメンバー構成，生活研究グループ連絡協議会，農家レストラン経営を変数とした．「家族・地域社会」では，家族員の役割遂行の変化，T地区の農業経営の変化，産直加工所設立を変数とし，これらの変数が従属変数とどのように関連しているかに

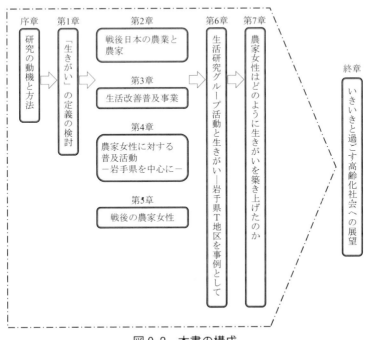

図0-2　本書の構成

ついて分析する.

　本書の構成は図0-2のとおりである．序章で研究の動機と研究の枠組みおよび論文構成について述べ，第1章ではこれまでの「生きがい」をテーマにした論文を概観し，本研究における「生きがい」を定義する．第2章では，戦後の日本社会と農業経営ならびに岩手県における農業経営と家族役割について検討する．第3章では，わが国における生活改善普及事業と岩手県における生活改善普及事業の変遷を確認し，第4章で農家女性に対する普及活動について，岩手県の生活改良普及員への調査をもとに考察する．第5章では，戦後の農家女性について，第6章では，農家女性のグループ活動と生きがいについてT地区における農業経営の調査，生活研究グループメンバーへの調査をもとに検討する．第7章では，第1章から第6章までに検討した結果を踏まえ，生きがいの構造とT地区農家女性について検討する．終章では，各章のまとめと本研究の成果と特徴を明らかにし，同時に課題と展望について論じる．

注
3)　本論文の研究枠組み図0-1は，佐藤宏子著『家族の変遷・女性の変化』p.26の図表2-3「本研究の枠組み」を参考に作成した．

第1章 「生きがい」の定義の検討

　本研究は，生活改善普及事業から発展した「生活研究グループ」で活動している中高年の農家女性たちをとりあげ，特に「自己の生きがい」に着目し，「生活研究グループ」の活動が，個々の女性にどのような意味をもたらしているのか明らかにすることを目的としている．この目的を達成するためには「生きがい」のとらえ方を明確にする必要がある．
本章では，「生きがい」をテーマにした先行文献を概観し，研究の動向，生きがいの構成要素，生きがい活動について検討し，本研究における「生きがいの定義」について考察する．

第1節　生きがいをテーマをとする先行文献の概要

　対象とした文献は，2010年までに発表された①「生きがい」をテーマとする著書，②「生きがい」を研究のテーマとする論文の中で，「生きがい」の概念規定をしている29文献（表1-1）である．さらに，対象とした文献の記述におけるキーワードを抽出し（表1-2），そのキーワードを共通性により分類し生きがいの構造・構成する要素について検討し「生きがいの定義」を導いた．

1．生きがい研究の動向

　生きがいをテーマにした文献についてまず神谷美恵子の『生きがいについて』(1966) があげられる．これは，神谷が精神科医として治療に関わったハンセン病の患者を対象とした書であり，完成までに7年を要している．人間の「生甲斐」や「意味感」について書きたいという気持ちの高まりが筆者の日記に以下のように記されている．

　1959年6月29日（月）
　　午前大橋さん二時間滞在．
　　あとは1日中Nの校正．
　　大橋さんは「生甲斐がなくなりました」と云い，ブラジルへ行きたかったと泣く．

「生甲斐」「意味感」ということについて書いてみたいと思う．
1959年11月10日（水）
朝女学院（神戸女学院大学）へ行くとき一人山道をえらび，しいんと静まりかえった木立をすかして青い空に映える紅葉黄葉を仰ぎながら人間の生甲斐や意味感について考えた．ただ動物のように生きることではまん足できず，己が存在の意味を感じないでは生きていられない人間の精神構造を思う．宗教の大きな存在理由はそこにあるのであって，フロイドやT氏が決めこむ様に，単なる恐怖の産物としてしまうわけには行かない．「イミ感について」という書きものをまとめてみたい．
1966年5月14日（土）
光明園で診察．
かえりの舟で原田先生と共になり大阪まで話し続ける．
帰宅してみたら『生きがいについて』が来ていた（10部）．（神谷 2007）．

神谷は，1958年～1972年（昭和33～47）まで瀬戸内海の長島愛生園に勤務し，精神医学的調査を行っている．「生きがいについて」の著書は，主として愛生園で得た資料に基づいている．

神谷美恵子が「生きがいについて」を発表した1960年代に，見田宗介も『現代日本の精神構造』（見田：1965）を発表し，男性，女性の生きがいの特徴，年令，職業，学歴と生きがいの関連などについて述べている．見田の報告によると，「男性の生き甲斐は『仕事と事業』，女性の生き甲斐は『子どもと家庭』というパターンがはっきりしている」とまとめている．

さらに，1970年代に見田宗介（1970）は，青壮年を対象にした自身の調査結果とテレビ局や新聞社が実施した調査結果をもとに生きがいの構造についてまとめている．牧賢一（1972）は，国勢調査，WHO報告書などの報告書をもとに"老人の生きがい"という視点から分析している．

1980年代では，村井隆重（1981）が，老後の趣味や社会奉仕が当該老人の幸福感や生甲斐とどのように関連するかをみることを目的に，60-74歳の働いていない高齢者を対象に面接法によりデータを収集して分析している．

次に，野田陽子（1983）が文献調査により発表している．野田は，1979年から厚生省が高齢者を対象に開始した「生きがいと創造の事業」に関する3回の調査結果をもとに分析している．また，小林司（1989）は，精神科の医師として

40年間考えてきたことをまとめている．小林は神谷の「生きがいについて」の書を優れた本であると評価したうえで，神谷の「生きがいについて」は発表の年代が古いため海外の文献が少なかったことから，特に海外などの新しいデータや考えなどをとりいれ，「『生きがい』とは何か　自己実現への道」の書としてまとめている．

1990年代では，石原治らが老人大学などで受講する健康者と外来通院する疾患を持った老年者を対象に，質問紙調査を実施しそのデータを因子分析した結果，現在の満足感，心理的安定感，生活のハリの3因子を抽出した[1]．

須貝孝一ら(1996)は，山形県の75-80歳の高齢者531人に対して面接調査を行った．健康度に関わる変数などとともに，高齢者が日常行っている生活行動の具体的な内容を幅広くとらえ，主観的QOLとの関連を総合的に分析した．

柴田博(1998)は，生きがいは高齢者のQOLを考える際に重要な概念の1つであるとし，「生きがい」とは，従来のQOLに，何か他人のためにあるいは社会のために役立っているという意識や達成感が加わったものであると定義した．
2000年代に入ると，近藤勉・鎌田次郎(2000)が老人福祉センター，老人大学の男女を対象に生きがい感尺度を作成し，高齢者の生きがい感尺度の開発と生きがい感の操作的定義を行った．

関奈緒(2001)は，新潟県農村部A村の60歳～75歳1,065名を対象に，健康増悪の最終段階が死亡であるという捉え方を基に，歩行，睡眠，生きがいの3因子と生命予後の関連について質問紙調査により約7年半の生命予後を追跡調査した．

園田順一(2001)は，60～90歳代の施設入所者と通所者53名を対象に，高齢者が生き生きと生活し，生きるための自信とも言える自己効力感をどのように持ち，生きがいや環境要因とどのように関係しているかを面接調査，自己効力感測定，長谷川式簡易知能評価スケールにより検討した．

森いずみら(2001)は，老人クラブに所属する65歳以上の健康な高齢者男女各10名を対象に，生きがいと感じる対象を自由に撮影させ，その時の状況と気持ちをメモし，回収後に生きがいと感じた理由をインタビューしKJ法により生きがいの質を分類した．

山下照美ら(2001)は，養護老人ホームに入所する自立歩行が可能な高齢者で，「具体的な生きがいは何か」に回答した81名(男性32名65～90歳，女性49名63～94歳)を対象に，生きがいの自覚について面接調査を行い，質問票を

用いて QOL を調査し両者の関連を検討した.

高橋勇悦（2001）は，代表を務める高齢者能力開発研究会がアメリカ，フランス，イタリア，デンマーク，韓国，中国，台湾，シンガポール，日本を対象に行った調査結果をもとに，生きがいに関する国際比較の考察を通じて日本の高齢者の生きがいの特質を明らかにした.

長谷川明弘ら（2003）は，65歳以上の高齢者（農村地域1,544名，ニュータウン地域1,002名）を対象に，保健師・看護師を中心とした専門調査員による面接調査により，高齢期における「生きがい」の有無と家族構成や生活機能，身体状況との関連について，農村地域と大都市近郊ニュータウン地域を比較検討し，「生きがい」の存在を規定する関連要因を明らかにした.

近藤勉（2003）は，2000年に行った調査結果をもとに老人福祉センター，老人大学の男女を対象に再検査法により生きがい感を測定するセルフ・アンカリングスケールの有効性信頼性，妥当性を検討した.

松村喜世子ら（2003）は，65歳以上の高齢者1,410名を分析対象に，郵送による記名自記式アンケート調査を実施し，生きがいを高齢者の健康の位置づけでとらえることの妥当性を検討するために，高齢者の持つ生きがい構造を明らかにした.

鶴若麻理（2003）は，①老人の会会員51名（男性24名，女性27名），②通所リハビリテーション・ディケア通所者22名（男性9名，女性13名），③特定有料老人ホーム入居者7名（男性1名，女性6名），④ホスピス入院者4名（男性1名，女性3名）を対象に面接法により，後期高齢者のグループごとの，高齢者の語り（ナラティブ）から，高齢期における生きがいの実態とその本質を明らかにした.

安立清史（2003）は，アメリカにおける世界最大級の NPO の創始者エセル・パーシー・アンドラスの事例を取り上げ「生きがい」をめぐる諸概念を社会学的な視野から検討した.

横溝輝美ら（2004）は，65歳以上の自立高齢者274名を対象に自記式質問紙法により，パーソナリティ（神経症傾向，外向性，開放性，誠実性，調和性）の「生きがい」に関連する環境要因の違いについて検討した.

阿南みと子ら（2004）は，老人保健施設のデイケアあるいは医療機関の訪問介護を月1回以上利用し中都市地域に住む65歳以上の在宅障害高齢者30名（男女各15名）を対象に，質問紙面接法により，障害老人の日常生活自立度判定基

準，PGCモラール・スケールを使用し，また生きがいを感じる対象を把握し，在宅障害高齢者の生きがい意識の実態を調査した．

　蘇珍伊ら（2004）は，65歳以上高齢者1,000名（無作為抽出）に対し郵送による自記式質問紙調査から，大都市に住んでいる在宅高齢者の生きがい感の現状を調査・把握し，生きがい感に影響を与えている様々な要因を明らかにした．

　藤本弘一郎ら（2004）は，60歳以上の4,081名を分析対象（男性1,767，女性2,314）とし，郵送法と訪問面接法により，地域在住高齢者の生きがいを規定する要因を明らかにし，充実した高齢者の生きがいづくりを行っていくための基礎的な知見を報告した．

　金子勇（2004）は，2002年に行った日本健康開発財団全国調査において，一定の基準によって高齢者を8類型に分類して，高齢者類型ごとの特性を把握した．分類のための基本属性指標は男女差，健康と非健康，市部居住と町部居住としている．

　熊野道子（2005）は，大学生450名を対象に質問紙法により，過去と比べ良い方向にライフイベントを予期する場合と悪い方向に予期する場合と，過去にどんなライフイベントを体験しているかという実際の生活環境とが，どのように生きがいに影響を与えるかを
　検討するため，生きがいを感じている尺度（PILの日本語版のPartA20項目）とライフイベントの経験度尺度（高比良の"対人・達成領域別ライフイベント尺度（大学生用）"を用い測定した．

　津田理恵子（2009）は，特別養護老人ホーム入所高齢者13名を対象に，クローズド・グループによる回想法の介入を試み，生きがい感スケールを用いて，回想法の介入効果を明らかにした．対象者を3グループに分け，クローズド・グループ回想法を1グループ5週間介入した．その効果を測定するために生きがい感スケールを用いて介入前，介入直後，2カ月後，4カ月後，6カ月後の5回測定した．その結果，各グループとも交互作用に有意な傾向がみられた．生きがい感スケールの下位項目では，「私には施設内・外で役割がある」「世の中がどうなっていくのかもっと見ていきたいと思う」「私は家族や他人から期待され頼りにされている」の3項目に有意な改善が示された（表1-1）．

2．年代別研究の特徴

　ここまで2010年までに発表された，①「生きがい」をテーマとする著書，②

表 1-1 生きがいに関する先行研究

	著者	目的	対象	調査方法	分析方法	結果および概念・定義・構造など
1	見田宗介(1965)		1963年に日本テレビが2,639名に行った全国世論調査をもとに分析(1965).	質問紙法	全国世論調査の中から生きがい,成功する条件,尊敬する人の3項目を抽出し分析	男性の生き甲斐は「仕事と事業」,女性の生き甲斐は「子どもと家庭」というパターンがはっきりしている(1965)
2	神谷美恵子(1966)	生きがいという大きな問題はあまりあっさりと片づけてすむものではなさそうである.十分時をかけてよく考えてみなければ,と思ったのが本書を書いた主な動機の一つである.	国立療養所長島愛生園での生活者	質問紙法面接法,文献調査		生きがいのとらえ方は「ことばの使い方」,「生きがいを求める心」,「生きがい活動」という3つの視点である.生きがいという「ことばの使いかた」には,生きがいの源泉や対象となるものを指すときと,生きがいを感じている精神状態を意味するときのふた通りがある.「生きがいを求める心」は生存充実感,変化と発展,未来性,反響,自由,自己実現,意味と価値などを求める7つの心から構成されていること,生きがい活動は自発性を持ち,個性的で自分にぴったりしたものであり(1966-p.61・2007-p.82),自分そのままの表現であること,つまり自己表現であるととらえている.しかし,それは自分がかかわる社会から何かしら手ごたえを感じるものでなくてはならない.また,生きがい活動は生きがいを持つひとの心にひとつの価値体系をつくる性質を持つと定義した.
3	見田宗介(1970)	労働と生活の場で生きている人びとが,どのように〈生きがい〉を求めているか,具体的な事実の検討により把握する.	15歳~44歳を対象に3,678人に全国青壮年意識調査を実施	面接調査法	1967年に見田自身が行った全国青壮年意識調査を中心に,日本テレビ全国世論調査(1963),読売調査(1968),NHK調査(1968)と比較分析	人びととともに,生きがいのある生活と世界をめざす行動そのものが,まさに自己自身にとっての最大の生きがいでありうるという,未来と現在,他者と自己との,相乗的・相互媒介的な構造である.p.202
4	牧 賢一(1972)	老人福祉について"老人の生きがい"とか,"老後の生きがい"といった言葉がよく使われるが,この言葉の意味は,とくに"老人福祉"或いは"老人福祉対策"との関係において,まだ余りはっきりと共通理解されていないように思われる.そこで"老人の生きがい"について愚見を開陳する.	国勢調査,WHO報告書国民生活実態調査世論調査,労働省資料総理府報告書	文献調査		老人の生きがいとは,老人自身の自覚による心構えや努力によって可能になる.老後の真の生きがいは,老人にならない若いうちから心構えをして用意されなければならない.
5	村井隆重(1981)	老後の趣味や社会奉仕が当該老人の幸福感や生きがいとどのように連関するかをみる.	60-74歳の働いていない高齢者	面接法		・真の生きがいとは少なくとも価値観を含み自己実現を目指すものでなければならない.それは幸福観とは違い,張り合い感に近いものである.
6	野田陽子(1983)	問題領域の拡大と諸問題への社会対応の多様化という社会過程を反	厚生省が1979年から開始した「生きがいと創造の事業」に	文献調査		・生きがいとは,厳密な意味における価値意識の一形態であり,それは,一定の主観的意義を認める特定の対象に積極的に働きかけることを

第1節　生きがいをテーマをとする先行文献の概要

		映した社会的位置づけを持つ高齢者の生きがい特性を明らかにすること.	関する3回の調査結果			通じて, 生きる意味もしくは価値を発見すること, と規定した.
7	小林　司(1989)	人生を考える糸口として私がこの40年間に考えてきたことを記せば若い人には多少とも参考になるのではないか. そんな気持ちが, 私にこの本を書かせた.	文献による	文献調査		「生きがい」を複合的な要素の組み合わさったものである. 生きがいは自己実現, 出会い, 生きる価値, 愛, 仕事, 在ること, 仕事の各要素が一体になって生きがいを形づくっている. 各要素の中で一番大きなものが自己実現である.
8	石原　治他(1992)	老年者一般に共通して用いることのできる主観的尺度に基づく心理的な側面を中心としたQOL評価項目を作成し, 検討することを目的とした.	老人大学など受講者545名（健康群）と外来通院する循環器病患者324名（疾患群）	質問紙法　評価項目は, 心理的安定感, 期待感, 生活の活力, 依存心, 余暇, 社会的地位 他社との関係を用いた.	因子分析	因子分析を行った結果, 現在の満足感, 心理的安定感, 生活のハリの3因子が抽出された. 健康群と疾患群とも現在の満足感が高かったが, 心理的安定感, 生活のハリでは差が認められ身体疾患の有無がQOL尺度の一部に影響することが明らかになった.
9	須貝孝一他(1996)	健康度に関わる変数などとともに, 高齢者が日常行っている生活行動の具体的な内容を幅広くとらえ, 主観的QOLとの関連を総合的に検討し, 地域保健活動に有用な情報を提供することを目指した.	山形県F町在住の75-80歳になる608人（男230人, 女378人）のうち満足度の聴き取りが可能であった531人（男192人, 女339人）	面接法	多様な対象者を一括して扱うことなく, その活動性という観点から屋外群・屋内群の2群に分類して分析	・「生きがい」を日常生活全般に対する満足度と定義した. ・満足度に関連する最大の要因は健康度自己評価である.
10	柴田　博(1998)	「求められている高齢者像」（東京都老人総合研究所編『サクセスフル・エイジング』ワールドプランニング51）				「生きがい」とは, 従来のQOLに, なにか他人のためにあるいは社会のために役立っているという意識や達成感が加わったものである.
11	近藤　勉・鎌田次郎(2000)	生きがい感項目を作成選定, スケールを作成し本調査を行い, 項目分析を行うこととする.	1999年7月大阪府老人福祉センター3か所にて391名（男性190名, 女性201名）	質問紙法	因子分析	因子分析の結果,「自己実現と意欲」, 第2因子は「生活充実感」, 第3因子は「生きる意欲」, 第4因子は「存在感」である.
12	関　奈緒(2001)	健康増悪の最終段階が死亡であるという捉え方を基に, 歩行, 睡眠, 生きがいの3因子と生命予後の関連について7年半の追跡調査を用いて検討する.	新潟県村上市部A村60歳以上75歳未満人口1,291名の内, 1,065名（男性440, 女性625, 平均年齢65.3±0.6歳）について約7年半生命予後を追跡	自記式アンケート法 歩行習慣, 睡眠時間, 生きがいの有無, 飲酒, 喫煙, 性, 年齢, 健康状態（既往歴） 生きがいの有無を「『生きがい』や	COXの比例ハザードモデルを用いて多変量解析 SPSS 7.5.1J	・1日1時間以上歩行すること, 生きがいがあることは, 死亡リスクを有意に低下させた. 睡眠時間は7時間以上という数値が1つの目安となる可能性を示した. ・歩行時間, 睡眠時間, 生きがいの3要素は, 高齢者の生命予後に関連し重要な要因であることが明確にされた.

				『はり』をもって生活しているか」に対する回答で求めた.		
13	園田順一 (2001)	高齢者を取り巻く現実は厳しいものがある状況の中で,高齢者が生きため生活し,生きるための自身とも言える自己効力感をどのように持ち,生きがいや環境要因とどのように関係しているかを検討する.	施設入所者と通所者53名(男性19,女性34),60〜90歳代	・面接調査 ・生きがい,身体状態,人間関係,生活環境,趣味,将来のこと ・自己効力感測定 長谷川式簡易知能評価スケール	記載なし	・自己効力感得点は,年代,性,地域,入所・通所で有意差はなし. ・生きがいは,家族との触れ合い,創作活動,関心事は,家族,自分の健康や病気,身体状況は約半数が四肢や腰に障害や痛みがあり.家族を含めた人間関係は,約半数が良好で,大半が今の生活環境に満足か良好と回答. ・自己効力感の高い人が,一般に今の生活環境に満足し,逆に低い人は,生きがいを持たず諦めている傾向にあった.
14	森いずみ他 (2001)	現在の状態の認識を含む「生きがい」という言葉を用いて高齢者の生きがいの質を明らかにする.高齢者がどのようなことに生きがいを感じているのかを男女の違いにも目を向け,明らかにする.	老人クラブに所属する65歳以上の健康な高齢者男女各10名,平均年齢71.5歳	・生きがいと感じる対象を自由に撮影,その時の状況と気持ちをメモするよう依頼 ・回収後,生きがいと感じた理由をインタビュー ・年齢,家族構成(世帯),配偶者の有無,現在の健康状態についてはアンケート	・現象学的分析・KJ法を用い,生きがいの質を分類 ・感情としての生きがいを解釈	・生きがいの質を,他者との交流,趣味,健康,植物,家族,役割,動物,勉強,過去の体験,神仏への奉仕に類別. ・男女共に老人クラブ活動しており,女性は様々な趣味を挙げている.それ以外は男女に大きな違いはなし. ・対象としての生きがいから,自信と誇りを持ち,愛情,感謝,喜び,安らぎを感じながら生活し,更なる充実感を得ようと努力し,このような感情が高齢者の生きがいである.
15	山下照美他 (2001)	高齢者を対象に生きがいの自覚とQOLを面接および質問票を用いて調査し,両者の関連を検討する.	施設高齢者262名の内,自立歩行が可能で,「具体的な生きがいは何か」に回答した81名[(男性32名,65〜90歳,女性49名(63〜94歳))]を解析対象	・面接・質問票を用いた調査 ・QOL質問票 ① WHO/QOL26 (WH26) ② Short Form36 Health Survey (SF36) ③ European Foundation for Osteoporosis "Qualeffo-41" (QL41),計19領域,103項目 ・面接調査「現在,生きがい,生きる張り合い,生きる喜びがあるか」について.	・生きがい感が「現在あり」,「以前あり」,「なし」に分類し,3群間で領域別,質問項目別にQOLスコアを比較 ・QOLスコアの差の検定 Kruska-Wallis rank test及びBonferroni方法による多重比較	・現在生きがい感ありは65%,以前ありは22%,なしは12%.3群間で年齢,在所期間に有意差はなし.心理的・精神的領域QOLと強い関連を示した. ・生きがいが「現在あり」の者は全てのQOLスコアが高い.生きがいが「以前あり」の者は,一部を除いてすべての領域と項目でQOLスコアが低く,なくしたものは家族・友人,仕事,生きがい「なし」の者は,娯楽・社会的活動領域のQOLは低い傾向を示した.
16	高橋勇悦 (2001)	日本の高齢者の生きがいに関する国際比較の考察を通じて,日本人が抱いている生きがいの特質を明らかにす	イタリア・フランス,デンマーク,アメリカ,シンガポール,台湾,中国・韓国から数名ずつ	面接法	「生きがい」を各国のことばに照らし合わせ,「生きるよろこび」「生存充実感」「生きていることの幸せ」「人生の意	結果から,日本人の「生きがい」が「自立」と「家族の絆」,「アソシエーション(目的的な個人参加の組織集団)」という軸で考察した.国際比較が示唆したことは日本人の生きがいは,自己実現に傾斜し始めているということであ

第1節　生きがいをテーマをとする先行文献の概要　17

		る.		味」「心の張り」「充実感」「満足感」「幸福感」「人生で最も大切なもの」「最も価値のあるもの」「生きる動機を与えるもの」定義し翻訳した.		る．p.281-282.
17	長谷川明弘他 (2003)	高齢期における「生きがい」の有無と家族構成や生活機能、身体状況との関連について、農村地域と大都市近郊ニュータウン地域を比較検討し、「生きがい」の存在を規定する関連要因を明確にすることにより、今後「生きがい」の構造を検討する際の基礎研究に位置づける.	65歳以上高齢者，農村地域1,544名，ニュータウン地域1,002名	・保健師・看護師を中心とした専門調査員による面接調査 ・生きがいの有無 ・基本属性（4項目） ・身体的状況（8項目） ・生活機能〔老研式活動能力指標総得点（手段的自立、知的能動性、社会役割）〕	・地域ごとに生きがいの有無別にχ^2検定ならびにt検定によって解析 ・地域ごとに、性別・世代別に多重ロジスティック回帰分析	・両地域ともに、既婚の子ども世代との同居なし、前期高齢者、過去1年の入院経験がない、脳卒中の既往歴がない、健康度自己評価が良好な場合で生きがいが「あり」とする者の割合が高かった. ・地域間で生きがい「あり」の割合に有意差は認めなかった. 両地域共に健康度自己評価、知的能動性、社会的役割との関連を認めた. 農村地域では家族構成が強い関連を認め、性別や世代によって関連の強さが異なった. ニュータウン地域では男性において入院経験の有無が強い関連があり、世代によって正負の関連が変動した. ・生きがい定義…「今ここに生きているという実感、生きていく動機となる個人の意識」. あえて英訳するならば、self-actualization（自己実現）, meaning of life（人生の意味）, purpose in life（人生の目的）.
18	近藤　勉 (2003)	高齢者の生きがい感を測るスケールとして、セルフ・アンカリングスケールの有効性、信頼性と妥当性を検討する.	①福祉センターに通う高齢者306名. 平均年齢69.79歳 ②①のうち無作為抽出101名，平均年齢70.5歳 ③老人大学受講生133名，平均年齢69.80歳	・個別面接 ・生きがいの定義を教示した後、生きがい感を10から0までで回答を求める. 2ヶ月後に左記②の対象者に同じ調査を実施 ・左記③の対象者にも同様の方法で実施	・再検査法による信頼性係数の測定 ・福祉センター高齢者と老人大学受講生の比較、群・性・年齢の分散分析	セルフ・アンカリング・スケールに高い信頼性のあることが確認され、単独のスケールとしても、同時に生きがい感の多項目尺度を開発する際の基準値としても有効であると示唆. ・生きがい感を、「何事にも目的をもって意欲的であり、人の役に立つ存在であり、責任感をもって生きていく張り合い意識である. また何かを達成した、向上したと思えるとき、恵まれていると感じられるときに持つ意識」と定義した.
19	近藤　勉 (2003)	・生きがい感の概念の範囲を調査によって検証し、仮定義を行う. それを基に高齢者の生きがい感スケールを作成する. ・スケールの信頼性、妥当性を検証する. ・生きがい感の操作的定義を行う.	①60歳以上都市部の在宅高齢者162名（男性102、女性60）平均年齢68.56歳 ②本調査センター高齢者391名（男性190、女性201）平均年齢72.96歳	①郵送法 ・生きがい感の概念調査 ・項目の作成と選定 ②本調査は個別面接. 3件法で回答を得る.	・得点通過率 ・因子分析・項目得点と項目合計得点との相関 ・因子得点と項目合計得点の相関 ・スケール信頼性の検討 ・スケール妥当性の検討	・毎日の生活の中で何事にも目的をもって意欲的であり、自分は家族や人の役に立つ存在であり、自分がいなければとの自覚をもって生きていく張り合い意識である. さらになにかを達成した、少しでも向上した、人に認めてもらっていると思えるときにも、もてる意識である、と定義した. ・16項目からなる尺度を作成し、「生活充実感」「存在感」「自己実現と意欲」「生きる意欲」の4因子に分類した. ・生きがい感を高める要因を探ることは、生きがいある老後を送る高齢者福祉の理念を実現するために必要. 多くの喪失に出会い、生きがい感をなくす高齢者が少なくない老年期に、生

No.	著者(年)	目的	対象	方法	分析	結果
						がいある老後を送ってもらうためにスケールの活用は有用と示唆した.
20	松村喜世子他 (2003)	生きがいを高齢者の健康の位置づけでとらえることの妥当性を検討するために, 高齢者の持つ生きがい構造を明らかにする	65歳以上の高齢者3,512名(男性1,760女性1,752)の中で「生きがい」の自由記載のあった1,410名を分析対象とした.	・郵送による記名自記式アンケート調査 ・基本属性, 主観的健康観, IADL, 生きがい, 老後の生活など68項目・「生きがい」は自由記載	Berelson, B.の手法による質的帰納的方法で分析 ・「生きがい」内容を含む意味文節を記録単位として整理し, カテゴリー化. スコットによる一致率で70%以上を確保	・生きがいの全記載から9カテゴリーを抽出, 「生活で積み重ねてきた能力の発揮と社会的貢献」「絶えることのない自己発達と人生の統合」「自立」「生活・自立の基盤としての身体健康の保持」「感謝と信仰による心の健康維持」「孫や子どもを中心とした家族の健康と幸福」「無欲な現状の維持・満足」「物づくりや娯楽を中心にした趣味活動の楽しみ」「仲間づくり・地域への参加によるコミュニティづくり」 ・生きがいのコア構造…「自己実現」「自立」「健康」「楽しむ」である.
21	鶴若麻理 (2003)	後期高齢者の5つのグループごとの語り(ナラティブ)から, 高齢期における生きがいの実態とその本質を明らかにする.	105名(男性36名, 女性69名), 平均80.1歳<内訳>・新老人の会の会員男性24名, 女性27名・通所リハビリテーション・デイケア通所者男性9名, 女性13名・特定有料老人ホーム入居者男性1名, 女性6名・ホスピス入院者男性1名, 女性3名	面接法	調査方法 新老人の会・特定有料老人ホームの対象者は90分のインタビューそれ以外は, ボランティア活動を通して何回にも分けて聞き取り, インタビューの中から生きがいについて語っていると思われる部分を提示し, それに伴う文脈や例から高齢者がどのような思いのもとに生きがいを語っているのか共通するカテゴリーを生成し, 分析した.	高齢期における生きがいの実態を明らかにした. ①連帯感(家族, 友人, 社会, 地域) ②充実感・満足感・幸福感(現在の生活, 今までの人生の満足と生活全般から得られる安定や充実) ③達成感・追求感(自己の向上を促すような学習, 奉仕活動, 創造的活動, 仕事などにおける達成または追求) ④有用感(自分の能力を発揮して役に立っていると思える感情・感覚) ⑤価値(個人の生き方, 信念, 生活信条に関係する領域)
22	安立清史 (2003)	「生きがい」をめぐる諸概念を社会学的視野から検討する.	アメリカにおける世界最大級のNPOの創始者エセル・パーシー・アンドラスの事例を取り上げて検討する.	文献検討		「生きがい」とは「やりがい」の集積でもあるが, かならずしも「主観的幸福観」ではない. 「生きがい」感の基礎にあるものは, 社会に根ざし, 社会に求められることを, 自分が提供しているという自分の人生と社会との間の関係性である. 主観的幸福観の根本は, 自己と社会との間に交響性があるとも言える.
23	横溝輝美他 (2004)	パーソナリティ(神経症傾向, 外向性, 開放性, 誠実性, 調和性)の「生きがい」に関連する環境要因の違いについて検討する	65歳以上の自立高齢者274名	自記式質問紙法	・パーソナル・パターン別に, 生きがいと環境要因との関連を重回帰分析	・生きがいを高める環境要因として, 神経症は対人関係や緊張, 不安を伴わず興味あることを自由に行え, 外向性は重い責任を伴わず皆と楽しく過ごせ, 開放性は常に新しいことに触れ束縛されず, 誠実性は秩序を乱さない範囲で新たなことに挑戦でき, 調和性は競争や争いがなく遠慮のない相手との交流等が有効とし, QOL向上のためにはパーソナル・パターンを含めて考慮し, 個性にあった援助が必要である. ・過去や現状に対する評価と, 残された未来や希望への積極的アプローチを含んだものとした.
24	阿南みと子他 (2004)	在宅障害高齢者の理解を深める目的で老人保健施設のデイケアある	デイケア, 訪問看護を月1回以上利用65歳以上在宅障害	・質問紙面接法 ・障害老人の日常生活自立度判定基	・PGGモラール・スケール因子と項目別得点率 ・生きがい対象数と日常	・PGCモラール・スケール得点は, 70～74歳10.6点 75～79歳11点, 80歳以上9.7点, 独居11.1点, 夫婦二人11.2点, 子どもとの同居

第1節 生きがいをテーマをとする先行文献の概要　19

No.	著者 (年)	目的	対象	方法	分析	結果
		いは医療機関の訪問介護を利用している中都市地域に住む在宅障害高齢者の生きがい意識の実態を調査する.	高齢者30名（男女各15名）平均年齢，男性78.4歳，女性76.2歳	準 ・PGCモラール・スケール（古谷野ら）「心理的動揺・安定」「孤独感・不満足感」「自分の老化に対する態度」 ・生きがいを感じる対象（Norbeckのソーシャル・サポート定義を元に早坂らの項目を参考に作成）	生活自立度との関連	は8.4点.「生活自立」11.3点,「準寝たきり」8.4点, 寝たきり」9.3点. ・今の生活に満足していながらも, 反面では「生きることは大変なこと」という思いがあると推察. ・配偶者, 子どもや孫といった家族を生きがいと感じていた. ・生きがいを感じる対象は, 仕事（働くこと）の仲間, 配偶者とのつながり, 人の世話やボランティア, 趣味の仲間, 子どもや孫とのつながり, 地域活動の仲間, 友人とのつながり, 宗教への信仰である.
25	蘇 珍伊 他(2004)	大都市に住んでいる在宅高齢者の生きがい感の現状を調査・把握し, 生きがい感に影響を与えている様々な要因を明らかにする.	65歳以上高齢者1,000名（無作為抽出）回収数627通（有効回答率62.7%）	・自記式質問紙, 郵送調査 ・生きがいを感じて生活していると思う」「今まで人生で得ることが多かったと思う」「何事に関しても積極的に取り組んでいこうと思う」「毎日やることがたくさんあると思う」	・生きがい感の各項目の単純集計 ・生きがい感の合計得点を従属変数とする重回帰分析	・社会参加, 世代間の交流, サポート提供, 健康感, 経済的満足感が高く, 年齢が低いほど, 生きがい感を感じやすい. ・人々のかかわりをもてるような機会の提供を通じて社会参加を促し, ソーシャル・サポートの提供や世代間交流が活発に行えるような場の整備が必要. また, 経済的安定性と良好な健康状態を保持することが重要であると示唆. ・「人生にかかわって生じる生きるよろこびや生存充実感といった心の状態であり, また, その心の状態をもたらす対象から得られる感情」,「個人の心の充実としての生きがい感」および「充実感を与える事柄を通じての生きがい感」の2つに概念化した.
26	金子 勇(2004)	一定の基準によって高齢者を8類型に分類して, 高齢者類型ごとの特性を把握する.		2002年 日本健康開発財団 全国調査 生きがい調査項目 ①働くこと ②家事や家族世話 ③仲間とおしゃべり ④学習教養活動 ⑤運動スポーツ ⑥ギャンブル ⑦ボランティア ⑧家でのんびり ⑨趣味活動 ⑩家族団らん ⑪テレビ・ラジオ ⑫飲食	分類のための基本属性指標は男女差, 健康と非健康, 市部居住と町部居住である.	生きがいを「生きる喜び」として定義し調査した. 「交流」という生きがい要素の強さが目立つ. ただし, 経済的にも精神的にも安定していること, すなわち食べるには困らないことが前提であり, これは「私生活の安定」と呼ばれる. 「交流」の相手は問わないが, とにかく一緒に何かをする (experiencing together) ことが必要であり, そのような交流が「生きる喜び」を与えてくれる. 生きがいを得るための10カ条 ①誰かに必要とされている ②生きる喜びは真剣なライフスタイルから得られる ③まずは一つの役割から始める ④好奇心を何かに感じる ⑤自己実現かコミュニケーション志向か ⑥夢中になれるものがある ⑦自分の「引き出し」をたくさんもっている ⑧安心感を何かで得ること ⑨人生の達人の第一歩：男は内（厨房に）, 女は外（街）に, を実行する用意があること ⑩働かない自由もあること（新有閑階級の肯定）

	著者(年)	目的	対象	方法	分析	結果
27	藤本弘一郎他 (2004)	地域在住高齢者の生きがいを規定する要因を明らかにし、充実した高齢者の生きがいづくりを行っていくための基礎的な知見を得る	60歳以上の住民すべてを対象 (5,660名) とし、内4,081名を分析対象 (男性1,767、女性2,314) とした。	生活実態調査を郵送法と訪問面接法により実施し、生きがいとの関連性を検討した。	・各項目と年齢を独立変数、生きがいの有無を従属変数とした多重ロジスティック・モデル解析・統計的に有意な全項目と年齢を独立変数として投入し、ステップワイズ法による多変量解析により生きがいの規定要因を分析した。	・生きがいを規定する要因として男女共通項目は、主観的健康感が良好、老人用うつスケール得点が低い、運動やスポーツを実施している、保健行動を多く行っている、生活満足度尺度Kの得点が高い、健康ボランティアへの参加意志がある。男性のみは、老研式活動能力指標得点が高得点同居家族外の情緒的サポート得点が高い。女性のみは、低年齢、よく眠れる、同居家族内情緒的サポート得点が高い。 ・生活満足度と生きがいは正の関連を持ち、生きがいを保持することが高齢者にとってそのQOLを高くしていくために非常に大切。 ・主観的健康感や保健行動の実施状況等が生きがいと関連し、高齢者の健康づくりは生きがいの保持・向上にも重要。 ・生きがい…「生活での生きがい、はり」とした。
28	熊野道子 (2005)	過去と比べ良い方向にライフイベントを予期する場合と悪い方向に予期する場合と、過去にどんなライフイベントを体験しているかという実際の生活環境が、どのように生きがいに影響を与えるかを検討する。	大学生450名 男性250名 女性163名 不明37名	質問紙法 尺度 1. 生きがいを感じている尺度はPILの日本語版のPartA20項目 2. ライフイベントの経験度は高比良の"対人・達成領域別ライフイベント尺度 (大学生用)"で測定した。	PILの因子分析 ライフイベント尺度は過去と未来における経験の有無の人数とMcNemarの検定	生きがいの定義は、神谷の提示した生きがいに従っている。研究者によれば生きがいの他の論述において、神谷の提示した範囲を超えるものが無いという理由である。「生存充実感、成長と変化、未来性、反響、自由、自己実現、意味への欲求の7つのいずれか、またはいくつかを満たすことにより生じる精神状態」と定義している。
29	津田理恵子 (2009)	クローズド・グループによる回想法の介入を試み、生きがい感スケールを用いて、多層ベースラインで調査を実施し、回想法の介入効果を明らかにする	特別養護老人ホーム入所高齢者13名 (男性2、女性11)、平均年齢86歳 (67～100歳)	13名を3グループに分け、1グループにつき5週間、クローズド・グループ回想法を行い、近藤の生きがい感スケール (K-I式) を用いて介入前、介入直後、2ケ月後、4か月後、6か月後の5回測定した。	・生きがい感スケール得点と下位項目得点について、3グループ5時期のデータについて分散分析を行った。	・介入直後で3グループとも有意な差を認め、回想法は生きがい感の向上に効果があることを確認。日々の生活における余暇時間での活動として、個人の懐かしい記憶に働きかける個別性が尊重された支援であると示唆した。 ・回想法は生きがい感の中でも「自己実現と意欲」「存在感」因子と関係が深く、意識と目的、役割感、張り合い感に大きな影響がある。 ・生きがいとは、ひとりひとりが日々の生活を送っていく上で、生きる意味や目的を見出す重要な意味を持っている。

「生きがい」を研究のテーマとする論文の29文献を概観した．年代ごとの文献数は1960年代2件，1970年代が2件，1980年代，1990年代がそれぞれ3件であり，2000年代では19件と2000年から急増している傾向が見られた．

調査方法は，神谷（1966）が質問紙と面接法を併用し，見田（1970）は質問紙調査を行っている．1980年代では村井が面接法により調査を行っており，野田，小林は公表された調査結果を用いるなどの文献調査によるものである．1990年代では石原（1992），須貝（1996）が老人大学，病院，また地域を限定し質問紙や面接法により多数の高齢者を対象に調査を行っている．

2000年になると，尺度を用いた質問紙調査が目立っている．2000年代の全文献20文献中10文献がこれに相当する．なかでも近藤（2000）は，高齢者の生きがい感を測定するスケールとして，セルフ・アンカリングスケールを作成し，その有効性，信頼性と妥当性を検討した結果を2003年に発表している．また，スケールを使用しないで構成的な面接法による調査もみられる．長谷川（2003）は，保健師，看護師などの専門職による調査員により2,500人余の高齢者を対象に構成的面接調査を行っている．一方，スケールを用いた質問紙調査や面接調査が多くみられる中で，鶴若（2003）は，高齢者の語り（ナラティブ）に注目し，語りの中から高齢者の生きがいを捉えている．

3．生きがい研究にみる対象者

研究の対象者はどのような世代であるのか，前項の生きがい研究の動向で見た論文から見てみたい．『生きがいについて』（神谷1966）がハンセン病の患者を対象としてまとめたと言っても過言ではないであろう．神谷の執筆動機は，同じ環境にある患者の中でも生きがいをなくして闘病する患者が多い中で，少数ではあるが生き生きと生活している患者がいたことにある．見田（1970）は，全国の青壮年を対象に調査を行っており，他に青年期を対象に調査を行っているのは熊野（2005）である．熊野の研究対象はほとんどが現役の大学生であり，大学生を対象に生きがいについて論じているところに特徴がある．

本章において対象とした文献は29文献である．これらの文献の対象は，先にみた神谷（1966）がハンセン病の患者，見田（1970）は15歳～44歳の青壮年，熊野（2005）が大学生である．また，対象を特定していないのが小林（1989）である．その他の25文献の対象は全て高齢者であった．長谷川らは，高齢者を対象にした「生きがい」研究が盛んになった背景について，「急速な高齢社会を迎

えるにあたり，前向きに生活する高齢社会を築くための理論研究の基礎として『生きがい』研究が大きな意味をもってくる」と述べている（長谷川他 2001：148）．

　25 文献で対象とした高齢者についてみると，健康の状態に視点を当てたもの，地域性に視点を当てたものに大別される．前者の場合は，健康な高齢者を対象とした森ら（2001）の報告，横溝ら（2004）の報告がある．さらに，老人大学などを受講する健康な高齢者と，疾患を持つ高齢者との比較をした石原ら（1992），近藤（2003），鶴若（2005）の報告がある．また，福祉センターに通う高齢者を対象とした近藤ら（2000）があり，園田（2001），山下ら（2001），阿南（2004），津田（2009）においては施設入所者を対象とした報告である．

　次に後者の地域性に視点を当てた論文では，農村部の高齢者を対象にした須貝（1996），関（2001），藤本ら（2004）の報告があり，それぞれ山形県，新潟県などに在住している高齢者である．また，大都市に居住する高齢者を対象とした報告は蘇ら（2004）に見られる．そして，農村地域とニュータウンに居住する高齢者を対象とした長谷川（2003）の報告がある．さらに，諸外国を対象とした高橋（2001）はイタリア，フランス，デンマーク，アメリカ，シンガポール，台湾，中国，韓国，日本の高齢者を対象に日本人の高齢者の生きがいを論じている．また，安立（2003）は，アメリカにおける世界最大級の NPO の創始者エセル・パーシー・アンドラスの事例を取り上げて高齢者 NPO と生きがいの実現について社会学的視点から報告している．

　ここまで健康の状態に視点を当てたものと地域性に視点を当てたものについてみてきたが，25 の文献の中で野田（1983），金子（2004）は分析の中で健康の状況や居住地の分類をして報告している．

4．生きがいの構造・構成要素

　生きがいという言葉は「生きていることに意義・喜びを見いだして感じる，心の張りあい」（新明解国語辞典 2000：59），「生きる張り合い．生きていてよかったと思えるようなこと」（広辞苑 2008：133）と明記されている．神谷は，「生きがいを英，独，仏などの外国語に訳そうとすると，『生きるに値する』とか『生きる価値または意味のある』などとするほかはないらしい」（神谷 2007：10），小林は「『生きがい』という単語は外国語にはないが，強いてこれを訳せば，『生きるに値すること』『生きる価値』『意味ある生存理由』となろうか」（小林

1989：23）と述べ，外国にはない日本語のことばであるとしている．

さて，この日本独特の意味をもつ生きがいは，どのような構造といわれているのか．ここでは生きがいの構造や構成要素について述べている見田（1970），村井（1981），近藤（2000），小林（2001），松村（2003），鶴若（2003），金子（2004）の文献をみて行くことにする．

生きがいの構造として述べているのは見田（1970），松村（2003）である．まず，見田（1970）の生きがいの構造であるが，「生きがい」は未来と現在，他者と自己の相乗的・相互媒体的な構造であると述べている．また，松村（2003）は生きがいのコア構造として「自己実現」，「自立」，「健康」，「楽しむ」をあげている．

次に，生きがいの構成要素について村井（1981）は，少なくとも「価値観」を含み「自己実現」を目指すものでなければならないとしている．そして，村井と同様に小林（1989）も，「生きがい」は単一のものではなくて幾つかの要素が組み合わさった複合的なもので，その「生きがい」の中身の中で一番大きな要素が「自己実現」であると述べている．他の要素は「出会い」，「生きる価値」，「愛」，「在ること」，「遊び」，「仕事」の要素が一体となり生きがいを形づくり，自分の生きがいは何かという問題は，生きる価値をどう考えるかという人生観の問題にほかならないととらえている（小林1989（2001）：214-217）．また，金子（2004）は，経済的にも精神的にも安定していることを前提に，生きがい要素のなかで「交流」の強さをあげている．「交流」の相手は問わないが，とにかく一緒に何かをする（experiencing together）ことが必要であるとしている．

そして近藤（2000）は，調査内容について因子分析を行った結果4つの因子を見出した．その因子は，「自己実現と意欲」，「生活充実感」，「生きる意欲」，「存在感」であるとした．

鶴若（2003）は，高齢期における生きがいの実態から①連帯感（家族，友人，社会，地域）②充実感・満足感・幸福感（現在の生活，今までの人生の満足など生活全般から得られる安定や充実）③達成感・追求感（自己の向上を促すような学習，奉仕活動，創造的活動，仕事などにおける達成または追求）④有用間（自分の能力を発揮して役に立っていると思える感情・感覚）⑤価値（個人の生き方，信念，生活信条に関係する領域）の5つをあげている．

4-1) 生きがいの対象

　神谷が生きがいの「ことばの使いかた」のひとつに生きがいの源泉や対象を指すと述べている（神谷1966）．阿南（2004）はその生きがいを感じる対象について，仕事（働くこと）の仲間，配偶者とのつながり，人の世話やボランティア，趣味の仲間，子どもや孫とのつながり，地域活動の仲間，友人とのつながり，宗教への信仰であるとしている．神谷が「生きがいの対象」として現していることを，森（2001）は，「生きがいの質」として，他者との交流，趣味，健康，植物，家族，役割，動物，勉強，過去の体験，神仏への奉仕に類別した．山下（2001）の場合は，「生きがいの種類」として，家族・友人，趣味，生きていること，ホームにいること，クラブ活動，歩く・散歩，仕事，宗教であると報告している．

　「生きがいの質」や「生きがいの種類」の内容は，神谷が「ことばの使いかた」には二通りがあり，生きがいの源泉や対象となるものを指すときと，生きがいを感じている精神状態を意味するときに分けて述べた．神谷が二通りに分けて述べたことを，森と山下は生きがいの対象と生きがいを感じている状態を含めた捉えかたをしている．

4-2) 生きがいと自己実現

　小林（1989）が，「生きがい」とは「働きがい」や「遊びがい」とは別のものであり，あくまでも「生きるかい」であり，「生きていく意味をもたらすもの」，「自分の可能性を伸ばしていく自己実現の過程」であると述べている．そして，「自己実現」というのは「自分自身になる過程」であり，「その人独自の心理学的特徴や自分の可能性を十分に伸ばす過程」としたうえで，現代社会における「生きがい」を検討している（小林1989(2001)：32, 108）．

　神谷（1966）は，生きがいを「ことばの使い方」，「生きがいを求める心」，「生きがい活動」という3つの視点について述べている．この中で「生きがいを求める心」は，7つの心から構成されており，生存充実感，変化と発展，未来性，反響，自由，自己実現，意味と価値である．また，生きがい活動について以下のように述べている．生きがい活動は，自発性を持ち，個性的で自分にぴったりしたものであり，自分そのままの表現であること，つまり自己表現であるととらえている．しかし，それは自分がかかわる社会から何かしら手ごたえを感じるものでなくてはならない．また，生きがい活動は生きがいを持つひとの心にひとつの価

値体系をつくる性質を持つと定義づけている．

4-3） 生きがいの定義

　牧（1972）は，定義ということばを使用していないが，老人に限定して次のように述べている．老人の生きがいは，老人自身の自覚による心構えや努力によって可能になること，そして老後の真の生きがいは，老人にならない若いうちから心構えをして用意されなければならないという．

　野田（1981）の生きがいの規定は，以下のように提示されている．生きがいとは，厳密な意味における価値意識の一形態であり，それは，一定の主観的意義を認める特定の対象に積極的に働きかけることを通じて，生きる意味もしくは価値を発見することとしている．

　須貝（1996）は，「生きがい」を日常生活全般に対する満足度と定義し，満足度に関連する最大の要因は健康度自己評価であるとした．

　柴田（1998）の定義は，「生きがい」とは，従来のQOLに，なにか他人のためにあるいは社会のために役立っているという意識や達成感が加わったものである．

　鎌田ら（2000）は，生きがい感を「何事にも目的を持って生きて行く張り合い意識である，また何かを達成した，向上した，人に認めてもらっていると思える時にも感じられる意識と定義をした．

　高橋（2001）は，「生きるよろこび」「生存充実感」「生きていることの幸せ」「人生の意味」「心の張り」「充実感」「満足感」「幸福感」「人生で最も大切なもの」「最も価値のあるもの」「生きる動機を与えるもの」と生きがいを定義し国際比較をした．その結果，日本人の生きがいは自己実現に傾斜していると述べている．

　安立（2003）は，自分が自発的に打ち込んでいることが，周囲から認められると自己実現の過程と，社会との通路が開く．自己実現の結果が，社会につながることは，自己実現と社会との間に往還関係（フィードバック）が形成され，自己のための作業が同時に社会への関わりにもなってくる．この状態を「生きがい」と定義している．そして，個人の「やりがい」が社会との間に双方向の関係性ができ，「生きがい」に昇華すると考えられる．「生きがい」とは「やりがい」の集積でもあるが，かならずしも「主観的幸福観」ではない．「生きがい」感の基礎にあるものは，社会に根ざし，社会に求められることを，自分が提供していると

表1-2 生きがいの定義に含まれる要素

文献	要素	価値意識	生きる価値体系	生きる価値をどう考えるか	生きる動機	生きる意味	生きる意欲	自発性・積極性	独自の心の世界	自分らしさ	満足感	健康度
1	野田	○										
2	須貝										○	○
3	柴田											
4	鎌田											
5	高橋	○			○						○	
6	足立											
7	長谷川				○							
8	津田					○						
9	神谷		○					○	○			
10	小林			○						○		
11	村井			○								
12	近藤						○					
13	森											
14	山下											
15	松村											○
16	鶴若											
17	横溝							○				
18	蘇											
19	金子											
20	藤本											
21	熊野											
22	津田					○						
合計		2	1	2	2	2	1	2	1	1	2	2

第1節 生きがいをテーマをとする先行文献の概要

達成感	張り合い	認めてもらっていると思える時	幸福感	自己実現	生きるよろこび	生存・生活充実感	生きている幸せ	人生の意味	人生で最も大切なもの	充実感	未来性	存在感
○												
○	○	○										
		○	○		○	○	○	○	○	○		
				○								
				○								
				○		○					○	
				○								
				○		○						○
										○		
	○				○							
				○								
											○	
					○	○						
					○							
	○											
				○								○
2	3	1	1	7	4	4	1	1	1	2	2	2

いう自分の人生と社会との間の関係性であるとしている．

長谷川（2003）は，生きがいを「今ここに生きているという実感，生きていく動機となる個人の意識」と定義し，あえて英訳するならば，self-actualization（自己実現），meaning of life（人生の意味），purpose in life（人生の目的）であるととらえている．

津田（2009）は，生きがいとは，ひとりひとりが日々の生活を送っていく上で，生きる意味や目的を見出す重要な意味を持つものと定義している．

ここまで生きがいの構造・構成要素について概観してきたが，それぞれの著者の記述におけるキーワードを抽出した結果24のキーワードが得られた（表1-2）．ここでは抽出した24のキーワードを共通性から分類し，生きがいを構成する要素について検討していきたい．共通性を分類するための視点として，キーワードの内容に経験や体験など，行動が伴って表現されているものを「行動を伴うキーワード」，一方その時の気持ちを表しその内容に行動が伴わないものを「行動を伴わないキーワード」とし，分けて検討することとした．

まず，「行動を伴うもの」として「自己実現」「未来性」「自発性・積極性」がある．この3つのキーワードについて論を進めていくことにしたい．

はじめに「自己実現」をあげるが，自己実現については安立，長谷川ら7人の著者によって述べられている．この自己実現についてA・Hマズローは「才能，能力，可能性を充分に用い，また開発していること」と説明し（マズロー 1984：225），ロジャーズは「個人の中に潜む諸々の可能性を現実化していく志向性」と呼んでいる（村瀬 1994：120）．マズロー，ロジャーズによると，自己実現は「開発していること」，「可能性を現実化していく志向性」であるから，未来に向かって進んでいる状態を表していると解釈できる．そこで2つ目のキーワードとしてあげた「未来性」もこの中に含めることにする．

2番目に神谷と横溝が「自発性・積極性」を挙げている．神谷によると「生きがい活動は自発性を持ち，個性的で自分にぴったりしたものであり，自分そのままの表現である」と述べ，横溝は「過去や現状に対する評価と，残された未来や希望への積極的アプローチを含んだもの」と定義している．このことから，「自発性・積極性」は行動を伴う要素の一つととらえることができる．

次に，生きがいの構造・構成要素を「行動を伴わないキーワード」として分類した内容について検討する．「行動を伴わないキーワード」は「行動を伴うキーワード」に比較してかなり多く21項目があげられた．それは，「価値意識」「生

きる価値体系」「生きる価値をどう考えるか」「生きる動機」「生きる意味」「生きる意欲」「人生の意味」「自分らしさ」「独自の心の世界」「認めてもらっていると思えるとき」「存在感」「生存・生活充実感」「充実感」「幸福感」「生きるよろこび」「生きている幸せ」「満足感」「健康感」「達成感」「張り合い」「人生でもっとも大切なもの」である．「行動を伴うキーワード」で検討したように，類似の内容をまとめることとする．

　はじめに，「価値意識」「生きる価値体系」「生きる価値をどう考えるか」の3項目は，表現方法に多少の違いはあるものの「生きる価値」としてとらえてよいと考える．ここでまず「価値」について言及したい．価値とは「行為者が行動や目的を選択するにあたって，その判断の基準となる行動の抽象的で一般化された観念をさすとともに，個人および社会や集団の目的の統合にとって不可欠な基準をなすものである」（鈴木 2006：52）とある．村井は「真の生きがいとは少なくとも価値観を含み自己実現を目指すものでなければならない」と定義している．そうであれば「生きる価値」とは，人が生きて行く過程において行動や目的を選択する際の判断基準を含んだものと捉えることができる．

　2番目に，「生きる動機」「生きる意味」「生きる意欲」「人生の意味」について長谷川，津田，近藤，高橋があげている．動機とは「人が意志を決めたり，行動を起こしたりする直接の原因」，意味は「ある表現・行為によって示され，あるいはそこに含み隠されている内容」，意欲とは「進んで何かをしようと思うこと」であり，それぞれに「行動しようとする気持ち」が共通して存在することから「生きる意欲」と表現する．

　3番目に「自分らしさ」，「独自の心の世界」について小林と神谷がこれを挙げている．「自分らしさ」について小林が，「真の『生きがい』とはむやみに働くことや，暇つぶしの手すさび，趣味，楽しみ，ではなくて，本当の自分らしさを生かして，『働きがい』や『遊びがい』ではなしに，人間らしく『生るかい』があるものでなければならない」と述べ（小林 1989：216-217），神谷は「自分にぴったりしたもの」でなければならないとしている．

　4番目は「生存充実感・生活充実感」，「充実感」があげられる．神谷は，「『生きがい感』のもっとも基本的な要素の一つを『生存充実感』と名づけ，生命を前進させるもの，つまり，よろこび，勇気，希望などのようなもので自分の生体験がみたされているという感じ」（神谷 2007：54），と述べている．自分の生体験が「みたされているという感じ」は他のキーワードとしてあげた「満足感」，「達

成感」,「幸福感」,「生きるよろこび」,「生きている幸せ」にも共通していると考える.これらのキーワードには「満たされているという感情」であり「充実感」と表現したい.ところで,高橋,鎌田が「張り合い」をあげているが,「張り」とは気持ちの充実を表すものであることから「張り合い」も充実感に含めるものとする.

　5番目に,鎌田,近藤が「認めてもらっていると思えるとき」「存在感」をあげている.鎌田,近藤は生きがい感スケールを作成し,そのスケールを用いた因子分析の結果から「自己実現と意欲」「生活充実感」「生きる意欲」「存在感」の4因子を抽出した.そして,生きがい感の定義を「何事にも目的を持って生きて行く張り合い意識である.また何かを達成した,向上した,人に認めてもらっていると思えるときにも感じられる意識といえよう」とした.安立は,「『生きがい感』の基礎にあるものは,社会に根ざし,社会に求められることを,自分が提供しているという自分の人生と社会との間の関係性である」と述べている.これらの定義から生きがいの構成要素として,他者からの肯定的評価が含まれているととらえることができる.つまり,自己の存在を認めてもらっているという「存在感」である.

　そして最後に,「人生でもっとも大切なもの」があげられる.これについて高橋は「われわれは,生きがいを『生きるよろこび』あるいは『生存充実感』,すなわち,人生に関わる精神的心理的充足感として把握している.これは,常識的な言葉でいうと『生きていることの幸せ』であり,人生への何らかの意味付与,つまり『人生の意味』といったものである.こういう生きがいに近い言葉として『心の張り』,充実感,あるいは満足感,幸福感がある.そして生きがいにつながるものとして,『人生でもっとも大切なもの』,『もっとも価値のあるもの』,『生きる動機をあたえるもの』等も考えられる.」(高橋 2001：280-281)と述べていることにより,本研究では生きがいにつながるものの一つとして「人生でもっとも大切なもの」をあげることとした.

注
1)　石原治・内藤佳津雄・長嶋紀 1992.「主観的尺度に基づく心理的な側面を中心とした QOL 評価作成の試み」(『老年社会科学 14』, 43-51)
　　老年者一般に共通して用いることのできる主観的尺度に基づく心理的な側面を中心とした QOL 評価項目を作成し,検討することを目的に,老人大学など受講者 545 名(健康群)と外来通院する循環器病患者 324 名(疾患群)を対象に調査を行った.評価項目は,心理的安定感,期待感,生活の活力,依存心,余暇,社会的地位,他者との関係を用いた.因子分析の

結果，現在の満足感，心理的安定感，生活のハリの3因子が抽出された．健康群と疾患群とも現在の満足感に差がなかったが，心理的安定感，生活のハリでは差が認められ身体疾患の有無がQOL尺度の一部に影響することが明らかになった．

第2節　本研究における「生きがい」の定義

　本章の文頭で述べたように，本研究は「生活研究グループ」で活動している中高年の農家女性たちの生きがいに着目し，「生活研究グループ」の活動が個々の女性にどのような意味をもたらしているのか明らかにすることを目的としている．そのため「生きがい」のとらえ方を明確にしなければならないことから，第1節では「生きがい」をテーマにした先行文献29件を概観し，生きがいのとらえかた，生きがいの構成要素，生きがい活動について検討した．この生きがいをテーマとする文献から生きがいの構造・構成要素について共通しているキーワードを抽出した結果24のキーワードが得られた．この24のキーワードについて，その表現されている内容に経験や体験などの行動が伴って表現されているものと，その内容に行動を伴わないその時の気持ちを表したものに分けて検討した．その結果，生きがいの構造は図1-1のように未来に向けた自己実現の要求過程であると捉えるに至った．この過程の根底には自己の人生に対する価値観があり，それは個性的で自分にぴったりしたものである．個性的で自分にぴったりした価値観は生きる意欲や自発性のある行為につながり，その結果充実感や存在感をもたらし自己実現の可能性を強化していくと考える．

　前節で述べた生きがいを構成する8項目の要素との関連を示すと，自己実現の要求過程は1番目の要素である．生きがいは自分らしいものであるが，それは自らの積極的なアプローチが前提にあるととらえたことにより，2番目に「自発

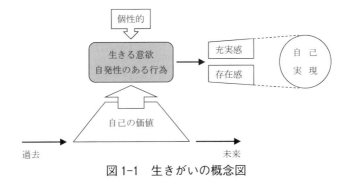

図1-1　生きがいの概念図

性・積極性」の要素がある．さらに，自分の生きがいとは何かという問題は，自己の人生をどう考えるかという人生観の問題であり，その過程（どう考えるか）においてその人の行動や目的を選択する際の判断基準を含んだ考えといえる．それは「生きる価値」に関することであり3番目の要素としてあげた．また，生きがいには進んで何かをしよう，行動しようとする「生きる意欲」や自分にぴったりした「自分らしさ」が4番目，5番目の要素である．6番目の要素として，生存充実感や生活充実感，満足感，達成感，幸福感など，精神面の「充実感」があり，自己の存在を認めてもらっているという他者からの肯定的評価として「存在感」が7番目の要素である．最後に「人生でもっとも大切なもの」がある．これまで生きがいの要素として7項目をあげ説明を加えたが，生きがいの構造は複雑であり単純ではない．生きがいは本当の自分らしさを生かし，人間らしく生きるかいがあるもので「人生でもっとも大切なもの」ととらえた．

　生きがいに関する論述の内容分析を通して，本研究における「生きがい」の定義を以下のように設定する．

　生きがいとは，自己の価値観に基づく自発性のある行為を基盤とし，個性的で自分らしい性質を持つ．さらに，この行為は生きる充実感と存在感をもたらし，個人の自己実現の要求を充足させる．この自己実現の要求過程を生きがいと定義する．

第2章　戦後日本の農業と農家

　本研究は，現代日本の農村社会に生活する農家女性のいきがいの分析を目指す．そのため現代日本の農家生活について触れておく必要がある．第二次世界大戦後，日本は民主化を進めるためにさまざまな改革を行った．経済的な側面では財閥の解体や農地改革が行われ，学校教育においては教育基本法が定められ（1947年），教育制度を6・3・3・4制とし，義務教育は小・中学校の9年制となり完全な男女共学になった．また，女性にも参政権が認められ戦後初めての女性議員が誕生した（竹前 1983：118・128・157）．戦後の日本は，経済状況が一時的に悪化したが，1950年（昭和25）朝鮮戦争の勃発に伴う輸出の増大と特需によって安定恐慌から脱出することができた．日本の産業・社会構造が都市化に向けて動き始めるのはほぼ1950年（昭和25）の朝鮮戦争の特需の発生以降とみてよい．まず3次産業（卸・小売業，サービス業）の人口が膨張し，1955年（昭和30）からの高度経済成長の開始とともに第2次産業（製造業・建設業）がリードしていった（牛山 2005：26, 32）．農業と農家の変化は，このような変化の中に位置づけられる．

　第1節では戦後の農業経営が現在までどのように変化したのか，農家数，耕作面積，兼業化および機械化の視点から，第2節では農家家族の構造的側面からみた世帯構成，機能面における農業の担い手，生活様式に及ぼした影響について概観する．

第1節　農業経営

　わが国における農村社会は，1960年（昭和35）以降の日本経済の高度成長によって大きく変化し，農業就業人口の減少や農地面積の減少，農地の転用がすすみ農業形態も変化した（大内 2005：157）．農業就業人口の変化における特徴は，農村部から都市部に向けて人口が移動したことであり，農業労働力が大量に農外に流出したことである．また，1961年（昭和36）農業基本法制定により農業構造改善事業が進み，化学肥料・農薬・農業機械が導入された．しかし，米の生産過剰を招き1970年（昭和45）から減反政策が行われるようになった（佐野 2011：374）．

戦後の日本農村社会変動の全体像をとらえる試みとして，新保と松田が1970年代の日本農村社会を対象とした調査報告を分析し，その結果を4側面からまとめている．すなわち，過疎化，混住化，兼業化，機械化である（新保・松田1986：3-8）．また，佐久間が1960年代後半からの農業農村の姿が大きく変わって行った背景について，第1に農業の機械化，化学化を内実とする農業生産の「近代化」が進められ，第2に総兼業化，脱農化・離農化として述べている（佐久間2007：49）．

わが国の農業経営の変化は，1960年代の高度経済成長と共に大きく変化したということが言える．そしてその変化の内容を整理すると農家数の減少，耕作面積の縮小，兼業化，農業の機械化・化学化に集約できる．この点について本研究の対象である岩手県の農業経営を中心に概観したい．

1．農家数の減少

表2-1は，高度経済成長期前の1955年（昭和30）から2005年（平成17）までの，全国および岩手県における専業兼業別農家数を表したものである．1955年当時岩手県は総農家数125,430戸であったが2005年は86,028戸と約3分の2に減少している．同様に全国の農家数をみると，1955年当時の全国の農家数は6,042,945戸，2005年は284,800戸とおよそ2分の1に減少している．また，専業農家数は1955年当時岩手県は29,850戸であり，2005年時は10,900戸と約3分の1となっている．全国では，1955年当時2,105,300戸，2005年443,158戸と，5分の1弱に減少している．これらの結果により，1955年からの50年間における岩手県の農家数は全国に比較し緩やかな減少といえる．農家の定義は，1990年の農林業センサスより，新分類[1]となっている．この新分類による専兼業別農家の対象は，総農家のなかの「販売農家」を対象としたことも農家数の減少として表れている（図2-1，2-2）．

この背景について新保と佐久間がそれぞれ次のように述べている．1950年代以降，耐久消費財・農機具の普及，全般的な生活水準の向上のため，農家は以前にもまして現金収入を必要とするようになる．このころすでに，現金収入を，養蚕や製炭などの農業と関連する生産活動から得ることは難しくなっていたので，現金収入を得るためには農業以外の場で働かねばならなかった．「……同じ山間部集落でも，京都市近郊や，大阪・奈良に近い南山城地方では，交通機関の発達と，マイカーの通勤圏内に入ったため，住民の離農・転職が離村と結びついてい

表 2-1　専業兼業別農家数

単位：戸

年 \ 専・兼業別農家	合　計	専業農家	兼業第1種	兼業第2種
岩手県　1955（年）	125,430	29,850	66,410	29,170
1975	121,760	11,121	44,056	66,583
1995	100,271※ (83,839)	(8,769)	(18,898)	(56,172)
2005	86,028※ (67,330)	(10,900)	(11,057)	(45,373)
全　国　1955	6,042,945	2,105,300	2,274,580	1,663,065
1975	4,953,071	616,432	1,258,719	3,077,920
1995	3,444,000※ (2,651,403)	(427,584)	(498,395)	(1,725,424)
2005	2,848,000※ (1,963,424)	(443,158)	(308,319)	(1,211,947)

1955, 1975, 1995, 2005 のデータは農林水産省農業センサスより引用し作成した．http://www.maff.go.jp/j/tokei/census/afc/index.html　2011.9.16
1990 年から設けられた農家の定義は，経営耕地面積が 10a 以上の農業を営む世帯又は経営耕地面積が 10a 未満で農産物販売金額が 15 万円以上の世帯である．農家のうち経営耕地面積 30a 以上，または農産物販売額 50 万円以上を販売農家，経営耕地面積 30a 未満，農産物販売額 50 万円未満を自給的農家とした分類となった．
※農林水産省農業センサスにおける 1995 年，2005 年の農家数の表示は，「販売農家」を対象した戸数の表示である．表 2-1 では，1955 年からの農家数の推移を見るため 1995 年，2005 年の合計は総農家数で表示した．（　）内の数字は「販売農家」のみの戸数である．
1995 年の岩手県総農家数のデータは，岩手県政策地域部調査統計課より入手した．
http://www.maff.go.jp/j/tokei/census/afc/2000/dictionary_n.html　2015.9.30

ない」．しかし，農業以外の職場への通勤が不可能な「地理的・自然的条件」の村落に於いて，離村が生ずる．その結果，若年層・壮年層を欠くようになり，老人だけの世帯が残され，農業を軸とした農家生活・村落生活の維持が不可能になる（新保・松田 1986：4）．一方，佐久間は「重化学工業の成長が牽引した高度経済成長が，所得の農工間格差をよりいっそう拡大し，これにより，農村に滞留していた若き働き手は大量に都市へと移動し，雇用労働者になった．都市が膨張する一方，農村は，都市の第 2 次，第 3 次産業のための安価な労働力供給源の役

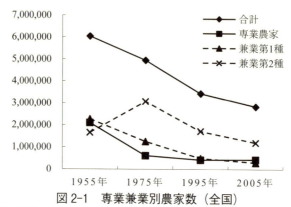

図 2-1　専業兼業別農家数（全国）

出典：農林水産省（1955, 1975, 1995, 2005), 農業センサス (http://www.maff.go.jp/j/tokei/census/afc/index.html), 2011.9.16. 閲覧

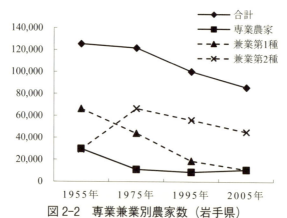

図 2-2　専業兼業別農家数（岩手県）

出典：農林水産省（1955, 1975, 1995, 2005), 農業センサス (http://www.maff.go.jp/j/tokei/census/afc/index.html), 2011.9.16. 閲覧

割を担った」と述べている（佐久間 2007：48-49）．

2．耕作面積の縮小

　表 2-2 は，岩手県における経営耕地面積規模別経営体数を表している．経営体数を経営耕地面積規模別にみると，各年時とも面積規模 0.5〜1.0ha が最も多くの経営体数を占めている．しかし，1955 年 35,005 経営体から 2005 年 19,739 に経営体数は減少している．一方，1955 年から 2005 年の間に経営体数が多くなっ

表2-2 岩手県における経営耕地面積規模別経営体数

単位：経営体

面積\年度	経営体数	0.3ha未満	0.3〜0.5ha	0.5〜1.0	1.0〜1.5	1.5〜2.0	2.0〜3.0	3.0〜5.0	5.0〜10.0	10.0以上
1955	125,430	13,105	14,260	35,005	29,060	18,090	12,450	2,595	70	—
1975	121,760	14,884	15,683	32,183	23,198	14,903	13,577	5,950	1,138	—
1995	83,839	—	13,432	24,645	16,071	10,183	10,248	5,961	2,171	611
2005	67,330	1,636	10,672	19,739	12,379	7,951	8,048	4,884	2,319	1,118

1955，1975，1995，2005のデータは農林水産省農業センサスより引用し作成した．http://www.maff.go.jp/j/tokei/census/afc/index.html 2011.9.16閲覧

ている経営耕地面積規模は5.0〜10.0haと10.0ha以上である．なかでも10.0ha以上の経営耕地面積規模は1975年までは計上が無かったが，1995年時以降にみられている．これは，農業機械が大型化し高性能になり，稲作の殆どすべての作業行程で機械が用いられるという，急速な農業の機械化によると考えられる．背景には併行して実現した，圃場の大型化，水利施設の改善がある（新保・松田 1986：5-6）．

表2-3は，岩手県における農作物別耕地面積を表している．1960年時耕地面積が最も多いものが稲で64,918haである．次にイモ類で27,369ha，小麦が27,183haであった．しかし，年々ほとんどの農作物面積が減少し，1960年と2005年の耕地面積を比較すると稲は約8割に減少している．他の農作物耕地面

表2-3 岩手県における農作物別耕地面積

単位：ha

作物\年度	水稲	小麦	イモ類	大豆	野菜類※	花き類・花木※	果樹※
1960	64,918	27,183	27,369	4,829	8,776	—	4,145
1975	84,045	1,975	1,465	5,771	3,649	73	3,130
1995	74,665	867	499	1,512	2,806	690	3,541
2005	50,961	1,670	98	1,625	2,528	685	2,636

1960年のデータは農林業センサス岩手県統計書より引用し作成した．
1975，1995，2005年のデータは農林水産省農業センサスより引用し作成した．
※野菜類，花き類・花木，果樹は路地・施設の合計で表示した．
http://www.maff.go.jp/j/tokei/census/afc/index.html 2011.9.16閲覧

積を見ても，小麦が約10分の1以下，イモ類が約30分の1，大豆が約3分の1，野菜類が約3分の1，果樹は約2分の1とほとんどの農作物面積が減少している．花き類・花木は1975年73haであったが，2005年では約10倍の685haとなっている．

3．兼業化

高度経済成長期以降の兼業化の要因としては，農外産業に於ける就労機会の増加だけでなく，村落内で次の二要因を指摘することができる．第1は，農家内に新たに余剰労働力が生じていること．第2は，農家の現金収入稼得の必要性が生じていること．この2つの要因は，相互関連し相乗的に作用し合っている．表2-4は佐久間正弘の文献にみる，農家数と米作労働時間に関する変化を表している．1960年〜2000年における農家構成比をみると専業農家の割合は1960年が34.3%で，2000年は18.2%に減少している．兼業農家の割合は1960年に第1種兼業と第2種兼業の割合がほぼ同じで，それぞれ33.6%，32.1%であったが，2000年のそれは15%，66.8%と第2種兼業農家の割合が第1種兼業農家の約4倍となっている．また，10aあたりの労働時間をみると1960年が約173時間であり，2000年は33時間と約5分の1に減少している．この労働時間の変化は農家内の余剰労働力が増加したことを表していると理解できる．（佐久間 2007：49）．

兼業化のなかで，若年層は農作業から離脱する傾向が見られ，1960年には

表2-4 農家数と米作労働時間に関する変化

項目 年度	農家数		農家構成比（%）			10aあたり 労働時間
	実数 （1000戸）	1960年を 100とした指数	専　業	第1種兼業	第2種兼業	
1960	6,057	100	34.3	33.6	32.1	172.9
1970	5,342	88.2	15.6	33.7	50.7	117.8
1980	4,661	77.0	13.4	21.5	65.1	64.4
1990	3,835	63.3	15.9	17.5	66.5	43.8
2000	3,120	51.5	18.2	15.0	66.8	33.0

引用　佐久間政広 2007「農業の近代化とむらの変化」（鳥越皓之編『むらの社会を研究する』49頁の「表2-2　農家数と米作労働時間に関する変化」）
　注）1960〜2000年「ポケット農林水産統計」の比較

123,000人であった新規学卒農業就業者が，1975年には9,100人に減少している（新保・松田1986：6）．

兼業農家の増加は，若年層ばかりではなく中年層も農外収入を求めて通勤兼業や出稼ぎに向かい，農業はじいちゃん，ばあちゃん，かあちゃんの手に委ねられた「三ちゃん農業」が1963年（昭和38）に流行語となった（小内2007：125）．

こうした兼業化の深化の延長線上，農業それ自体を放棄する農家が続々と現れた．脱農化・離農化という事態である．表2-4から総農家数をみると1960年から2000年の間に約半分に減少している（佐久間2007：50）．

4．農業の機械化・化学化

1940年代に使われていた主要な農業機械は，原動機で動かす，脱穀機，籾摺り機，精米機などであった．1950年代に入ると，動力噴霧機，動力散粉機，歩行型トラクター，自動脱穀機などが用いられるようになる．1960年代に入ると，この傾向は加速される．歩行型トラクターに代わって，乗用型トラクターが導入され，収穫作業には，バインダー，続いて自脱型コンバインが普及し始めた．もっとも注目すべき点は1960年代後半からの田植機の普及である．1970年代には，機械田植面積は92％，機械収穫面積は96％に達した（新保・松田1986：6）．岩手県における「田植え機」の普及をみると，1955年度には計上がないが，1975年度は16,622台，1995年度54,900台，2005年度は46,070台となっている（表2-5）．

「全面機械化」，ことに田植機とコンバインの普及は，それまで手労働への依存

表2-5　岩手県における農業機械台数

単位：台

機種　年	耕耘機トラクター	動力噴霧器	動力散粉機	田植え機	バインダ	コンバイン	乾燥機
1955	489	896	32	—	—	—	—
1975	86,741	11,897	15,848	16,622	36,515※	4,219	5,294
1995	104,926	—	—	54,900	55,348	20,117	16,956
2005	67,136	—	—	46,070	—	26,587	—

1955年のデータは臨時農業基本調査市町村別統計表（農林省統計調査部編），1975，1995，2005年のデータは農林業センサス岩手県統計書より引用し作成した．
— 統計標記なし　　※ 結束型のみ

度が高かった田植えと収穫の作業過程を，一挙に機械化した．また，夏の暑さのなか時間をかけて行われた草とり作業が，除草剤の使用によりなくなった．農家がそれぞれつくった堆肥に代わって，化学肥料が田に投入された．こうした機械化・化学化により，稲作の作業時間は激減した．表2-4の農家数と米作労働時間に関する変化において稲作10a あたりの労働時間をみると，1960年が約173時間であり，20年後の1980年は約3分の1で64時間，2000年では33時間と約5分の1まで減少している（佐久間 2007：49）．

5．変動の要因

　1～4に述べたような変動を，農家と村落にもたらす共通要因は，農業技術の変化，ことに田植機，コンバインなどの大型，高度技術の導入である．田植え機とコンバインは，手労働を中心にした作業過程を機械化した結果，労働生産性を急上昇させ，農家内部には余剰労働を析出した．大型機械導入により加速された現金稼得欲求とも相俟って，余剰労働力を消化しようという試みは村落と農家の内部に分化を招いている．

　このような，農業技術の変化は農村社会の内発的欲求のみならず，「高度経済成長」といわれる日本経済の構造変動のなかで，企業・政府によって誘発されている点を否めない．

　高度経済成長期以降，農業技術が以前にも増して急速に変化した．農業機械はより大型化し高性能になり，急速な機械化と併行して，圃場の大型化，水利施設の改善など，農業施設の再編がみられる．これは，基盤整備事業・構造改善事業などの行政による補助金政策の誘導で行われるが，自己負担金分は農協から借り入れなければならない場合が多い．これら借入金の返済が農家の家計を圧迫する．そのうえ，大型機械の購入は農家家計を一層圧迫する．機械の耐用年数は必ずしも長くない．宣伝にのって次々と発表される新機種に買い替えていると，機械購入のための借金を常に抱えていることになる．「全面機械化」により余剰労働力が生ずると同時に，「機械化貧乏」により現金稼得の必要性が高くなる（新保・松田 1986：3-8）．

　また，化学肥料・農薬と機械でおこなわれる近代的農業は都市的生活様式の浸透により「店で買う」機会がますます増えた農家生活と相まって，農家にとってより多くの現金収入が必要になったことを意味した．畜産農家や施設園芸農家，ごく少数の大規模稲作経営農家などを例外として，大多数の農家は，農業以外の

職場で働くことによって必要な現金を得ることとなった．農外労働によって得られる収入が，農業経営と生活を支える不可欠のものとなった．農外労働に収入の道を求めることで農業経営と農家生活の近代化が推し進められ，この経営と生活の省力化が農外労働への依存の度合いをさらに深めることを可能にした（佐久間 2007：50）．

6．小活

ここでは，戦後の農業経営が現在までどのように変化したのか，岩手県における農家数，耕作面積，兼業化および機械化について概観した．1950年代以降農家数が減少していたが，これは耐久消費財・農機具の普及，生活水準が向上し現金収入が必要になり，若年層や壮年層が農外就労に就くこととなったことによる．さらに，これらの要因に加えて1990年農林業センサスより，新分類[1]となり専兼業別農家数の対象は総農家のなかの「販売農家」を対象としたことも農家数の減少として表れている．

経営耕地面積規模別経営体数は 0.5～1.0ha の経営体数が最も多くを占めるが，一方で経営耕地面積規模が 5.0～10.0ha 以上の経営体数が増加している．これは，農業機械が大型化し高性能になったこと，圃場の大型化，水利施設の改善などによると考えられる．高度経済成長によって，第2次，第3次産業が急速に発達した．その結果，農外就労に従事する機会が増加し，兼業化が進行することとなった．また，農家内においては，余剰労働力が生じたことと現金収入稼得の必要性が生じたことがあげられる．さらに，農業それ自体を放棄する農家が増加し脱農化・離農化という事態が生じた．戦前における農業は手労働による作業が中心であったが，1950年代に歩行型トラクター，1960年代には乗用型トラクターや田植機が普及した．化学肥料・農薬と機械でおこなわれる近代的農業は農家家計を一層圧迫し農外労働によって得られる収入が，農業経営と生活を支える不可欠のものとなった．

注
1) 1990年世界農林業センサス以降の農家の定義は以下のとおりである．
　農家は経営耕地面積が10a以上の農業を行う世帯又は過去1年間における農産物販売金額が15万円以上の規模の農業を行う世帯をいう．販売農家と自給的農家に分かれている．
　販売農家は，経営耕地面積が30a以上又は調査期日前1年間における農産物販売金額が50万円以上の農家をいい，主業農家，準主業農家，副業的農家に分類されている．
・主業農家

農業所得が主（農家所得の50%以上が農業所得）で1年間に60日以上自営農業に従事している65歳未満の世帯員がいる農家をいう．
・準主業農家
　　農外所得が主（農家所得の50%未満が農業所得）で1年間に60日以上自営農業に従事している65歳未満の世帯員がいる農家をいう．
・副業的農家
　　1年間に60日以上自営農業に従事している65歳未満の世帯員がいない農家（主業農家，準主業農家以外の農家）をいう．
　　専業農家は世帯員の中に兼業従事者が1人もいない農家をいう．
　　兼業農家は，世帯員の中に兼業従事者が1人以上いる農家をいい，第1種兼業農家，第2種兼業農家に分類されている．
・第1種兼業農家
　　農業所得を主とする兼業農家をいう．
・第2種兼業農家
　　農業所得を従とする兼業農家をいう．
　　自給的農家は経営耕地面積が30a未満かつ調査期日前1年間における農産物販売金額が50万円未満の農家をいう．
　　（www.maff.go.jp/j/wpaper/w_maff/h23/pdf/z_1_yogo.pdf，2015.11.8）

第2節　農家生活と農家成員

　本節では，農家家族の構造的側面として農家家族の世帯構成について，さらに農家家族の機能面に関して農業の担い手，生活様式について考察する．

1．農村家族の世帯構成

　わが国の農村における家族構成は，高度経済成長期までは直系家族であったが，近年の家族形態は大きく変容した（川手2007：84）．大友は，国民生活基礎調査から郡部と都市部における家族形態を比較し，郡部の世帯構成から近年の農村の家族形態について報告している（大友2007：80）．表2-6は1996年（平成8）の農業構造動態調査結果と2004年（平成16）の国民生活基礎調査から世帯構成別の農家の割合を表したものである．直系家族は1996年に25.6%であったが，2004年はその割合が18.1%に減少している．また，核家族の割合は1996年が69.2%であり，2004年は55.6%と核家族の割合も減少に転じている．一方で単独世帯は1996年に1.7%であったが，2004年は16.9%と増加が著しい．直系家族や核家族の減少，単独世帯の増加から家族規模が小さくなっている様子が伺え，農村家族にみられた伝統的な直系家族に形態的変化が見られる．その背景には高度経済成長期における都市部への若年層の他出があげられよう．

表 2-6　世帯構成別農家の割合（％）

	1996 年	2004 年
直系家族	25.6	18.1
核家族	69.2	55.6
単　独	1.7	16.9
その他	3.5	9.4
計	100.0	100.0

注：1996 年の資料は，杉岡直人（2000）「農村社会の高齢期家族と生活課題」，染谷俶子編『老いと家族』ミネルヴァ書房 162 頁からの引用で，杉岡直人は農林水産省（1996）『農業構造動態調査結果』より作成したものである．
2004 年の資料は，大友由紀子（2007）「縮小化する世帯・家族と家の変化」，鳥越皓之（2007）『むらの社会を研究する』日本村落研究学会 80 頁からの引用である．大友由紀子は国民生活基礎調査をもとに都市部と郡部に分けて説明している．引用は郡部のデータをもとに作成した．

2．農業の担い手

　前節で農家の兼業化について述べたが，その特徴は第 2 種兼業農家の割合が著しく増加し，中年層の男性が農外収入を求めて勤めに出ることになったことにある．その結果，農外就労に出ている中年層の男性やその後継ぎである息子は農繁期や週末に農作業を行うという就労形態に変化した．この変化により，世帯の中心男性が担っていた農作業を，それまで脇役であった高齢者と女性がそれぞれに分担することとなった．ここでは農家人口の高齢化と農家女性の役割の変化について論じる．

2-1）農家人口の高齢化

　表 2-7 は，1955 年から 2005 年までの総人口・農家人口・農業就業人口に占める 65 歳以上人口の比率を表したものである（小内 2007：126）．1955 年時の総人口に占める 65 歳以上の割合は 5.3％であり，30 年後の 1985 年時は約 2 倍となり 10.3％である．さらにその 20 年後の 2005 年時は 20.1％と高齢化が進んでいることが確認される．一方，農家人口における 65 歳以上の割合は，総人口に比較しその割合が高く 1955 年時が 10.8％で，50 年後の 2005 年はその約 3 倍となり 28.0％である．さらに，農業就業人口に占める 65 歳以上の割合は 1975 年時の 21.0％から 30 年後の 2005 年では約 3 倍の 58.1％となっている．表 2-7 からわ

表 2-7　総人口・農家人口・農業就業人口に占める 65 歳以上人口の比率（％）

	総人口	農家人口	農業就業人口
1955 年	5.3	10.8	
1960 年	5.7	8.2	
1965 年	6.3	8.2	
1970 年	7.1	11.7	
1975 年	7.9	13.7	21.0
1980 年	9.1	15.6	24.5
1985 年	10.3	17.3	29.2
1990 年	12.0	20.0	35.8
1995 年	14.5	24.1	43.5
2000 年	17.4	28.0	52.9
2005 年	20.1	28.0	58.1

資料）「国勢調査」「農林業センサス」資料）「国勢調査」「農林業センサス」．
注1）　農業データに関しては 1990 年までは総農家ベース，1995 年以降は販売農家ベースの数値を用いている．
注2）　農業就業人口とは，16 歳以上の世帯員（1995 年以降は 15 歳以上）で自営農業だけに従事した者と，自営農業とその他の仕事の両方に従事した者のうち農業が主である者の割合をいう．小内純子（2007）「担い手としての高齢者」鳥越皓之『むらの社会を研究する』日本村落研究学会 126 を重引した．

かるように，わが国の農業就業人口の半数以上は 65 歳以上の高齢者である．

　ここまでわが国全体の特徴を見てきたが，大内は高齢化における都道府県の動向について分析している（大内 2005：167-169）．分析は 1960 年と 2000 年の比較によるものである．高齢化率は進んでいるものの地域によって差があることを指摘している．1960 年に高齢化率の高い都道府県は高知県，広島県，山口県であり逆に低い県は青森県，秋田県，岩手県，山形県，宮城県で東北地方が多い．一方，2000 年の調査では高齢化率の高い都道府県は 1960 年の調査時とほとんど変わっていなかった．ところが，高齢化率が低い都道府県をみると 1960 年と 2000 年では大幅に変わり，1960 年は東北地方が主だったが 2000 年では滋賀県，愛知県，佐賀県，福井県となっている．高齢化率の低くなったこれらの県は都市

化が進んだ兼業地帯であり，安定した兼業先があることから，後継者は親と同居し通勤することができる地域である．

2-2) 農家女性の役割の変化

　兼業化の進行により世帯の中心男性が担っていた農作業は，それまで脇役であった高齢者と女性がそれぞれに分担することになった．このような変化について靍は，「農業経営における農業の地位を大きく低下させたと言えるが，また別の見方ができる．つまり，家の中からかつての無償労働組織の長である夫が抜けることで，その補助者にすぎなかった女性が，農業者として一人の責任ある主体として行動することを求められる現実に投げ込まれたのである．そしてそれにともない，女性たちの意識は大きく変化していった．一番大きな変化として女性たちがあげるのは，自分で考えて自分で決めるということである」（靍2007：84-85）．しかし，中道はわが国の農業の半分は昔から女性が支えてきたにもかかわらず，それが見えない存在であったと述べている．その女性が支えていた実態について表2-8のようにまとめ，論を展開している（中道2007：118）．1960年か

表2-8　農家・農業に占める女性の割合

単位：千人，％

		1960年	1970年	1980年	1990年	2000年
農家人口		34,411	26,595	21,366	17,296	10,467
	うち女性	23,675	13,739	10,966	8,875	5,338
	女性の割合	(68.8)	(51.7)	(51.3)	(51.3)	(51.0)
農業就業人口		14,542	10,352	6,973	5,653	3,891
	うち女性	8,546	6,337	4,300	3,403	2,171
	女性の割合	(58.8)	(61.2)	(61.7)	(60.2)	(55.8)
基幹的農業従事者数		11,750	7,109	4,128	3,127	2,400
	うち女性	6,235	3,857	2,092	1,505	1,140
	女性の割合	(53.1)	(54.3)	(50.7)	(48.1)	(47.5)

資料は農林水産省「農林業センサス」「農業構造動態調査」各年次のもので，中道仁美（2007）「農村女性とパートナーシップ」日本村落研究学会編『むらの社会を研究する』農文協118より重引した．

ら 2000 年までの 40 年間における農家人口に占める女性の割合は，1960 年が 68.8％であり，40 年後の 2000 年は 51.0％と 17.8 ポイントの減少である．ところが農業就業人口に占める女性の割合を見ると 1960 年が 58.8％であり，2000 年のそれは 55.8％と 40 年間でわずかに 3 ポイントの減少に留まっている．基幹的農業従事者数でも同様の傾向が見られ，1960 年が 53.1％，2000 年が 47.5％と 5.8 ポイントの減少であった．先に述べた鵜は，「無償労働組織の長である夫が農外就労に従事したことで，それまで補助の立場であった女性が主体的に行動することを求められた」と述べた．中道は農業就業人口や基幹的農業従事者数からみて，女性の占める割合は 40 年間でわずかな減少に過ぎず，40 年間ほとんどその割合に変化がないものの，1999 年に制定された男女共同参画基本法や食料・農業・農村基本法によって女性に「自らの意見」が求められるようになったと述べている．「責任ある主体として行動することを求められた」とする鵜と，「自らの意見が求められるようになった」という中道の論は一致を見るまでには至らないが，いくら働いても経済的に認められることのない「見えない存在」であったものから，主体的に行動することや自分の意見が求められるということにより「見える存在」へと変化した点については共通していると捉えてよいであろう．

3．農家生活の変化

わが国の農業経営は 1960 年代の高度経済成長と共に大きく変化し，農家数の減少・兼業化の進行，農業の機械化については先に述べたとおりである．「高度経済成長は，農業・農村にも大きな影響を及ぼしたことは言うまでもない．この時期，目に見える形で農業・生活の「近代化」が急速に進んだ．生活では，都市的生活様式の浸透が進み，洗濯機，冷蔵庫，テレビ，内便所・内風呂の普及，台所の改善などが進んだ．その結果重労働が大幅に軽減された．住まいについては住宅の改善により，田の字型の住居から夫婦のプライバシーが尊重可能な「近代的住宅」への改築が進められた」（川手 2007：85-86）．ここでは，高度経済成長にともなう農家生活における生活時間の変化，家族関係の変化と価値観の変化について概観することとする．

3-1) 生活時間の変化

熊谷が，農業の機械化前後における農村家族の生活時間について調査を行っている．その生活時間調査の比較から，第一に注目されるのは，農外就労の時間の

顕著な増加である．農外就労は家事時間を除いた労働時間の1/2を占めるようになった．機械化以前は若年男性にのみ見られていたが，機械化以降は性別を問わずどの年齢層にもみられるようになっている．生活時間の変化は，世代，年齢，家族内の位置により異っている（熊谷1998：190）．表2-9は，熊谷の調査結果から家族内の位置別に，機械化前後の二次活動内容の変化をまとめたものである．父親の位置にある人々は，機械化以前では農作業のみであったが，機械化以後は農作業に加えて臨時の農外就業就労が加わった．母親の位置にある人々は，機械化以前は農作業の補助的作業であったものが，農作業と家事の遂行を担うことになった．また，息子の位置にある人々は，機械化以降農外就労が中心となり農作業は田植え期・収穫期の週末のみになっている．そして，息子の妻の位置にある人々は，機械化以前は農作業と家事であったが機械化以降は農外就労を行うようになっている．

　ここで本研究の対象が中高年女性であることから，熊谷論文における農家女性の生活時間の変化についてもう少し触れてみたい．息子の妻という位置を占めていると想定できる30代，40代女性の家事遂行は，機械化以前は，農作業に規定されるため，農繁期より農閑期に長く，裁縫・衣類整理などは農閑期の作業として付け加わっている．これは，機械化以前の農作業は水田作業を中心に家畜飼養を含めた複合経営であったことから，農繁期は農作業を優先しなければならず，この時期には裁縫・衣類整理などに費やす時間の確保が困難である．そのため裁縫・衣類整理などは，農閑期の家事として行われていたことを裏付けるものであ

表2-9　家族内の位置と機械化前後の二次活動内容の変化

家族内位置＼時期	機械化以前	機械化以後
父親	農作業のみ	農作業＋臨時農外就労
母親	農作業の補助＋家事	農作業＋家事
息子	農作業＋農外就労	農作業；農外就労 （農外就労が中心で農作業は週末のみ）
息子の妻	農作業＋家事	農外就労

注）　二次活動とは生産労働と家事労働を合わせたものをいう．
　　資料は熊谷苑子（1998）『現代日本農村家族の生活時間』学文社185頁から引用し作成した．

る．炊事時間は農繁期も農閑期も変わらず2時間強であった．機械化以降は衣類整理の時間がゼロに近くなっているのが特徴的である．次に中年女性の特徴を見てみると機械化以降社会的活動時間が伸び，その伸長分はアソシエーション行動に費やされている．これは特定の目的を持った機能的集団への個人としての参加であり，妻という位置に規定された行為ではない．この家族内の位置に規定されない個人活動を選択するということは，状況の変化と同時に，彼女たちの生活行動の背後にある規範にも変化が生じていることを意味していると筆者は考察している（熊谷 1998：185-186）．

3-2) 家族形態の変化

　高度経済成長期以降，夫婦（およびその未婚の子ども）間の情緒的結びつきが一層重視され，世代間の営農・生活の分離が促される背景となったが，今日ではその傾向が一層強まっている．さらに，個人単位での営農，生活の一定の分離化が進展している状況が今日における新しい変化の部分と言えるが，特徴的な現象として，①営農における女性の責任分担・経営参画の促進，②家計においては女性労働のタダ働きの解消などを背景とした個計の出現，③家族を離れた個人としてのつきあいの増大などがある（川手 2007：86-88）．さらに，川手はこの③の個人としてのつきあいの増大について付言し，旧来の地縁や血縁に基づくつながりとは異なった「選択縁」「友縁」と呼ばれるようなつながりであり，これは家族と地域社会との間に新たな回路が開かれたことを意味し，そうしたなかで，個人の自己実現が確保されると同時に，あたらしい地域形成に向けた動きも生まれていると論じている（川手 2007：88）．

3-3) 価値観の変化

　前節で述べたように戦後の農家の労働力は他産業への流出が特徴であり，兼業化・混住化の進展がもたらされた．価値観においては①個人主義的価値観，すなわち，職業選択，居住選択，婚姻の自由，法のもとで平等などの意識の浸透，②「征服可能な自然」「開発すべき対象としての自然」へと自然感の変化，③精農主義に一定の経済合理性が加わり，経済編重の価値観がもたらされた（川手 2007：86）．

　ここでは農家女性に視点を当て，働くだけの女性，労働の主体としての女性，そして地域を支える担い手としての女性という変化についてみることとする．具

体的には鵜が行った調査から確認する（鵜 2007：72-91）．

1950 年代から 1960 年代の農家女性 —働くだけの女性—（鵜 2007：73-84）
　「これが自分たちが計画して進んでいく仕事だったらどんなん張り合いがあって楽しいだろう」
　「何の楽しみも向上もなく，誰だってこき使われているとしか考えない．これだけ働いて，これだけ残って，ああもしたい，こうもしたい，子どもたちのねだる夢も叶えてやりたい．親子揃った食膳には，せめて私のあみ出した栄養料理の一品でも飾ってみたいものを，ああほんとうに夢でしょうか」
　「農村における女性は，例外なく農作業の一端を負担しているわけであるが，現在の彼女たちに農業についてのどれだけの知識と技能があるだろうか．ただ命ぜられるままに牛馬のごとく唯々として作業に従事するのみであろう」
　「新聞は取ってあったけど，読むのは舅と夫くらいで『女が新聞なんて，嫁が新聞なんて』という雰囲気だった．何でも女はうとかった．ラジオもじっと聞く時間もなかった，女には」
　「姑の理解が無いのか，私達長男の嫁は小遣い銭にも不自由します．何もアメなど買うのではなく，脱脂綿※を買う 40 円にも少し理解が欲しいと思います」
　「婦人部の会やサークル活動は何よりの楽しみだった．ふだんは家に居て農業だけの毎日だから，そのときだけはうれしかった」
　「何かを勉強して自分が向上することが，楽しみだった．学ぶ機会に飢えていた，農業ばかりで」
　ただ命ぜられるままに牛馬のごとく作業に従事し，自分の時間や自由になるお金も無かった．また，女性に教養は必要とせず生産労働と家事に従事することだけが求められていた．その中で婦人部会の活動は唯一の楽しみであり，その後の農家女性の重要な活動の場となっていった．
　　※脱脂綿とは「生理用品」のことであり，明治時代〜大正時代の生理用品として使用されていた．

1970 年代から 1980 年代の農家女性—労働の主体としての女性—（鵜 2007：87-89）

「主人の給料からお小遣いをもらえたけど，それでも自分で働いたお金が欲しいと思った．堂々と使えるから．野菜を売ろうと思ったのはそんな気持ちが強くあったから」と無人市を思いついた．

機械化がどんどん進み，新しいトラクターの説明を聞く時に舅が嫁に「お前もちゃんと聞け．乗らなければならないから」と言った時，「舅が自分を認めてくれた思い，うれしかった」

1970年代からの農業の機械化は「三ちゃん農業」を推し進め，それまで中心となっていた中年層の男性が農外就労につくようになり主体的に作業に関わる存在となって行った．

1990年代から2000年以降の農家女性 ―地域を支える担い手としての女性―
（靏 2007：161-170）

「男じゃ，女じゃ，年が上じゃ，若いじゃ，肩書きが何やら，などといろいろ言うとっちゃ，ええようにはいかん．思うたことが言えたり，したいことができるようにせにゃ．当て職もだめ．本当にそれをやっちゃろう，いう人が役につかんと．一人ひとりが自分のすること，言うことに責任をもたにゃあ，『誰かに言われたから』とか，そねえなことじゃのうて．何かやろうとすると，田舎の人は『そねえなことして，おえるもんか（できるもんか）』という．だから，発展性が無い．やりたいことがあれば，やればええ．失敗しても自分の責任．誰かがやってくれることを待ちょうってもいけん，自分で始めにゃ．何でも自分たちで，というわけじゃない．お金や知恵を出してもらえるところがあるなら，そこから出してもらえばええ」

以上は1990年代に有機無農薬関係の事業を受けた代表者の農家女性のことばである．基本的考え方について，年齢，性別，家格，職業，出身地などの，従来農村社会における人びとの行為を拘束してきたさまざまな属性を，一つ一つ崩していこうとする姿勢がある（靏 2007：170）．

前項の論述において高度経済成長期以降は，夫婦間の情緒的結びつきが一層重視され，個人単位での営農，生活の一定の分離化が進展している状況について述べた．つまり，今日の農村女性リーダーは，夫婦単位での暮らしを重視しながら，多世代での暮らしをも大切にし，同時に自己実現も可能にすることを志向している．「家族調整」「夫婦単位化」「個人化」の3つの方向性を状況に応じて適

用しながら,「自分らしく生きる」ことをめざす女性の姿が浮かび上がる（川手 2007：84-92）.

4．小括

2節ではまず農村家族の家族構成を見た．家族形態の特徴は若年層の他出により直系家族や核家族が減少し，単独世帯が増加した．また，農家の兼業化により世帯の中心男性が農外収入を求めて勤めに出ることになり，世帯の中心男性が担っていた農作業を高齢者と女性がそれぞれに担うこととなった．特に農家人口の高齢化は顕著であり，2005年の調査では農業就業人口に占める65歳以上の割合が約6割にまで達している．一方，農家女性の役割にも変化がみられ，それまでは補助者であり，指示に従って作業をする立場であったものが，主体的な行動が要求され自己決定する立場となって行った．

次に農家生活を見たが，農業の機械化は生活に大きな変化をもたらした．まず農外就労である．機械化以前は家族内の父親，母親，息子，息子の妻の全ての成員が農作業に従事していたが，機械化以降は，母親以外の家族成員は農作業を担っているが，同時に農外就労に就いている．このことは機械化により農作業時間が大幅に短縮されたことによるもので，これを農家女性に関してみると，中年女性は機械化以降社会的活動時間が伸びている．これは，特定の目的を持った機能的集団への個人としての参加であり，妻の位置に規定されない個人活動の選択ができるようになったことを意味するものである．この背景には，大型機械の導入による農作業時間の短縮だけではなく，農業経営において主体的な行動が求められるようになったことや，家族形態の縮小などが農家女性の規範にも変化をもたらした．

さらに家族関係をみるとつぎのような点が指摘できる．夫婦間の情緒的結びつきが一層重視されるようになったことである．世代間では，営農・生活の分離が促された．注目されるのは，個人としてのつきあいの増大である．これは，今までの地縁や血縁に基づくつながりではなく「選択縁」「友縁」と呼ばれるもので，このつながりは農家女性の自己実現を強化することとなった．最後に，農家女性の価値観の変化をみた．戦後間もなくの農家女性は牛や馬のようにただひたすら働くことだけの生活であったが，その後の半世紀を経て今日の農家女性は，補助的立場から自分で考えて自分で決めるという主体的に行動する立場となり，自己実現を可能にし，自分らしく生きる存在となっている．

第3章　生活改善普及事業

第1節　わが国における生活改善普及事業の成り立ち

　わが国の生活改善普及事業は，1948年（昭和23）に制定された「農業改良助長法」[1]によるもので，農業技術の改良や経営の合理化をめざす農業改良普及事業に加え，農家生活の改良・改善を目的に実施されることとなった．

　この「農業改良助長法」にもとづき農林省内に農業改良局が設けられ，普及課，展示課，生活改善課の3つの課が設置された．生活改善課の設置により，生活改善普及事業が展開されたが，この普及事業の目的は「農山漁村民に生活の改善に必要な知識や技術を指導普及し，農山漁村民（とくに女性）自らが問題を発見して実行できるようにすることであると位置づけられた」（田中 2011：18）．この方針のもとに県単位で目標を設定し，「生活改良普及員の養成と生活改善グループの発足」にそれぞれ力を注いでいくことになる．

1．生活改善普及事業の基本方針

　1948年（昭和23）に設置された生活改善課の初代の課長は，山本松代（結婚前は大森姓であるが昭和24年に結婚．本稿では山本姓に統一して記述）であった．山本によれば，農林省は生活改善に全く知識を持ち合わせておらず，省内に女性の課長も置くつもりもなかったが，GHQの指示で仕方なく女性を任命せざるを得なかったという（片倉 2011：121）．

　山本は，1931年（昭和6）に東京女子大英語専攻部を卒業し，同年に東京YWCA職員となる．1935年（昭和10）に東京YWCAの給費留学生に選ばれ，アメリカのワシントン州立大学家政科に留学し，1937年（昭和12）に帰国した．第二次世界大戦後の1946年（昭和21），ワシントン州立大学の恩師ルル・ホームズがGHQの学校教育の責任者となっていた縁で，文部省の教科書局の事務嘱託となる．その後，1948年（昭和23）の10月まで家庭科の教科書編集事務に従事するが，GHQの強い意向のもとに農林省農業改良局普及部生活改善課創設にともない，初代課長への移動が整った（片倉 2011：138）．

　山本は初代課長として生活改善事業を進めて行く上で以下の三つの目標を揚げ

ている（大森 1949：3）．

1．生活文化の育成の向上
2．農業生産の増大
3．家庭生活の民主化

ここで山本は，「家庭生活の民主化」を打ち出しているが，「農村の民主化」については言及していない．「農村の民主化」の言葉は，1951年（昭和26）の農業改良局普及部長通達「農家生活改善推進方策」の中に初めて出てくる．すなわち「農家の家庭生活を改善向上することとあわせて農業生産の確保，農業経営の改善，農家婦人の地位の向上，農村民主化に寄与する」ことが「生活改善普及事業の最終目標」であるとされた．さらに，「普及事業の精神に則り，上から押しつけがましいことではなく，具体的なプログラムは出来るだけ農民の要求から出発すべきである」とされた（中間 2010：3）．この，「農民の要求から出発すべきである」という考えは，「農民の自主性」を重んじるということを意味し，これを象徴する概念が「考える農民」であった．「考える農民」という言葉を最初に用いたのが，山本の上司であった小倉武一である．小倉は，1951年の「第2回全国農業改良普及員実績発表会大会」で「考える農民」を育成することが農村民主化の「根底をなす」と，農業改良普及員に訴えた．「考える農民」という言葉

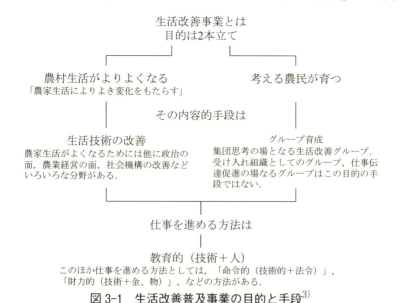

図 3-1　生活改善普及事業の目的と手段[3)]

は，生活改良普及事業においてもその理念を示す重要な概念として用いられるようになった（中間 2010：3）．

2．生活改善普及活動の手引

　生活改良普及活動の手引書[2]が1954年（昭和29）に作成された．手引書には，生活改善普及事業の目的と手段が示されている．手引書によると，目的は2つである．「生活をよりよくすること」，「考える農民を育てること」であり，この目的を達成する手段として「生活技術の改善」と「生活改善グループの育成」が位置づけられている（図3-1）．

注
1) 農業改良助長法は，農業者が農業経営及び農村生活に関する有益かつ実用的な知識を得，これを普及交換することができるようにするため，農業に関する試験研究及び普及事業を助長し，もって能率的で環境と調和のとれた農法の発達，効率的かつ安定的な農業経営の育成及び地域の特性に即した農業の振興を図り，あわせて農村生活の改善に資することを目的に，1948年7月（昭和23年）に制定された．
2) 『生活改善普及活動の手引（その1）』農林省農業改良局普及部生活改善課，1954．
3) 図3-1は，『生活改善普及活動の手引（その1）』農林省農業改良局普及部生活改善課（1954）を参考に執筆した片倉和人の「生活改善普及事業の思想」田中宣一編著『暮らしの革命―戦後農村の生活改善事業と新生活運動』農山漁村文化協会123頁から引用した．

第2節　岩手県における生活改善普及事業の変遷

1．生活改善普及事業へのとりくみ

　農林省は，農地改革や農業団体の改組など，戦後における農村の民主化を図るため，その一連の施策として協同農業普及事業を創設することとし，農業改良助長法を1948年（昭和23）7月15日に公布し8月1日に施行した．岩手県においても，国と同時期の1948年（昭和23）8月1日に発足し普及事業を展開した（岩手県-a21）．

　第1節で述べたようにわが国における生活改善普及事業は，戦後農林省の生活改善課に，山本松代を初代課長として1948年（昭和23）に発足した．生活改善普及事業の目的は，農山漁村民に生活の改善に必要な知識や技術を指導普及し，農山漁村民自らが問題を発見して実行できるようにすることであった．この方針のもとに岩手県においても「生活改良普及員の養成と生活改善グループの発足」に力が注がれた．

2. 岩手県における生活改良普及員の養成

　改良普及員は，農業改良助長法に基づく任用資格を定める政令により，県が条例で定めた改良普及員の資格に合格したものでなければならない．岩手県では1948年（昭和23）に，改良普及員の前身である「食料増産技術員」108名が41カ所の事務所に配置され，翌年の2月にこの食料増産技術員が改良普及員資格試験に合格し，初めて「改良普及員」が誕生した．第1回の資格試験は1949年（昭和24）2月22日より26日までの5日間，盛岡市上田の盛岡農林学校（現岩手大学農学部）で行われ，生活改良普及員は9名合格した．この年の全国の合格者は668名で（合格率は77.3％）あったことから（富田 2011：42），岩手県の生活改良普及員が全国に占める割合は1.3％と少ないことが分かる．資格試験に合格した生活改良普及員9名のなかで5名が1950年（昭和25）4月に生活改良普及員として採用され生活改良普及事業が開始された（岩手県-a125）．ところで，生活改良普及員の養成は1950年（昭和25）から開始され，2年間の教育を受けなければならなかった．したがって1950年に採用された5名の生活改良普及員は，専門の教育を受けた者ではなかったため指導においては手探りであった．そのことは，1951年（昭和26）に採用されたS氏の記録から伺うことができる．

　私は昭和26年に生活改善普及事業の創設時代にN郡に勤務した．専門の教育を受けることもなく，県の職員となり，生活改良普及員として初めての仕事であった．仕事の内容についても皆目わからないまま，資料と県から流れるものも，少なかった．当時送付される資料「緑友」が仕事の内容を知る唯一の手掛かりだったように思う．生活改良普及員の仲間も各地方1名に至らなかった"（岩手県-b26）

　1950年（昭和25）4月に生活改良普及員として初めて5名が採用された．その後生活改良普及員数は増加し，1971年（昭和46）には75人と最も多い人数であったがそれ以降は減少に転じている．

3. 生活改善普及事業の課題と指導内容

　生活改善活動の課題設定方法は，生活改良普及員が実際に農家女性を訪問し調査することから得られている．1949年度（昭和24年）の協同農業普及事業年次報告に，「生活改良普及員がその普及活動に取り上げた問題」が整理されている．調査にあたり，設定された大枠は，（ア）衣生活（イ）食生活（ウ）住生活

第2節 岩手県における生活改善普及事業の変遷

表3-1 岩手県における生活改善課題の歴史

課題	貧しさからの脱出 1950年代 (〜昭和30年代前半)	高度成長下の対応 1959〜1970年代 (昭和34〜45)	未生産調整への対応 1971〜1975年 (昭和46〜50)	地域農業への対応 1976〜1982年 (昭和51〜57)	冷害と固定化負債への対応 1983〜1988年 (昭和58〜63)	水田農業確立への対応 1989〜1990年 (平成元〜2)	集落営農への対応 1991〜 (平成3〜)
個別課題の解決		共同課題の解決		家族・集落	集落・生産組織を対象課題		集落・生産組織・主業型農家対象課題
衣生活	○衣服縫製技術の普及	○作業衣及び寝具の共同縫製 ○衛生管理の啓発	○作目型作業衣の改善 ○労働の適正化	○防寒衣の普及	○生産と生活の調和 ○農作業の改善による健康管理 ○農作業安全使用の徹底	農業労働の改善 ○地域ぐるみの労働保全体制づくり ○快適な作業環境の形成 ○農作業の効率化・作業姿勢の改善 ○労働に見合う食生活の充実	
食生活	○栄養料理の普及 ○保存食の作り方	○農繁期の共同炊事の設置 ○電気器具等家事用設備の導入	○自給生産物の高度利用（自給のバランス）	○農作業条件の改善	○安全・機能的食生活の普及 ○食生活の自給率向上 ○食生活の充実（家庭菜園の充実） ○生産物の有効活用の促進（加工施設の整備）	地域農産物の利活用 ○地域農産物の調理・加工・貯蔵方法の確立 ○地域住民のニーズに即した食品加工・特産品の開発 ○「食」を通じた消費者との交流	
住宅改善	○台所やベランダの改善 ○寝室の改善 ○風呂・便所の改善	○新築・改築の設計書作成（住宅相談所の開設） ○生活環境整備	○新築・改築の設計書作成（住宅相談所の開設）・美化推進・手づくり村の整備開発 ○生活環境整備	○安全な食品の計画的調達	○衛生設備の改善 ○地域生活環境の点検整備（住宅・住環境の点検・美化推進・手づくり村の整備開発）	生活環境の快適化 ○生活環境づくり（景観・伝統文化・歴史的遺産等）の点検と景観づくり ○中山間地帯における生活環境施設の整備 ○都市と農村の交流	
				○快適な住まいの環境づくり ○住環境づくり ○農業廃棄物・家庭排水の適正処理			
				○農家生活の楽しみの創出 ○農作業と家事の改善による余裕創出 ○農作業からでは生活の工夫 ○楽しいフォーラム・身近にしなみエ夫	新しい農家経営の確立 ○パソコンを活用した家計合せ簿記録への促進と分析 ○担い手農家・高齢化農家の生活設計樹立・生活運営のルールづくり		
家庭管理	○家庭用品の修理・修繕指導	○家計簿記帳の推進 ○家事時間の確保	○記帳農家の育成	○生活設計の樹立 ○家計簿記帳の推進	○実質健全な生活経営の確立 ○家計支出の計画化・負債農家の再建 ○パソコンによる家計診断		
組織育成と活動の助長	組織育成と活動の助長 ○個別指導	活動方式 ○グループ指導 昭和37年：地域濃密指導 昭和44年：広域活動		○生活伝承技術の継承 ○農村高齢期活動の促進 ○活力ある我がむらづくりの推進	○人情豊かな近隣関係の醸成 ○婦人組織活動の促進 ○高齢者の役割にふさわしい生きがいづくり ○農村社会の活性化 ○活力ある我がむらづくりの推進	平成4年〜：家計合せ簿記	
生改員数	昭和25年：5名 昭和26年：15名		昭和46年：75名	昭和56年：64名	昭和60年：60名	平成元年：47名	平成6年：39名、平成6年〜：高度専門活動

引用：笹田昭市（1995）『生活改良普及員への応援歌』岩手県職員労働組合協議会, p.31.

(エ) 家庭管理 (オ) 保健衛生の5部門が設定されている (富田 2011：35). では, 岩手県においてはどのような課題が設定されたのか「岩手県における生活改善課題の歴史 (表3-1)」[4]をもとに見ていくことにする.

3-1) 1950年代 (〜昭和30年代前半) の生活改善の課題目標【貧しさからの脱却】

　生活改善普及事業が開始された当初の1950年代 (昭和25〜30年代前半) の課題目標は,「貧しさからの脱却」であり, この目標は個別課題として設定された (笹田 1995：31). 指導内容は「衣生活指導」,「食生活指導」,「住宅改善指導」,「家庭管理指導」,「組織育成と活動の助長」の5つがあげられている. 国の設定では「保健衛生」の項目が含まれていたが, 岩手県ではこの時点では「保健衛生」に関する指導内容は見当たらない. なお, 富田の報告によると, 初期の生活改善活動項目は, 生活改良普及員が主に家政, 教育, 保健衛生などの分野から採用され, 衣, 食, 住, 家庭管理を主分野にしていることから, それを軸に整理されている. 保健衛生の分野においては, 栄養士, 保健婦の資格なども採用の基準になっていた (富田 2011：40).

　次に, それぞれの指導内容に対する具体的な指導項目をみると,「衣生活指導」では衣服縫製技術の普及,「食生活指導」では栄養料理の普及, 保存食の作り方,「住宅改善指導」では「台所やカマドの改善」,「寝室の改善」,「風呂・便所の改善」がなされ,「家庭管理指導」では「家庭用品の修理・修繕指導」があげられている (笹田 1995：31). しかし, 岩手県であげた「組織育成と活動の助長」に関しての具体的指導項目の記載はない.

　岩手県においては前述のように5名の生活改良普及員から始まっているが, この仕事は何から手がければよいのか困惑する状態であった. どのような働きをすべきか暗中模索の中で,「まず農家のふところにとびこむこと」を合言葉に誰でもすぐ取り組める課題をかかげ一戸一戸巡回し, また村から村へ走りまわる活動であった. このような活動から, 次第に具体的で共通的な改善事項が見出せるようになった.「かまど改善」もその一つであり, 生活改善普及事業の看板になった (岩手県-a63).

　1961年 (昭和36) 頃から経営主の出稼ぎが一層増加し農業労働は, じいちゃん, ばあちゃん・かあちゃんのいわゆる「三ちゃん農業」の形態をとることとなった. その結果, 特に「かあちゃん」世代の農業労働の負担が増加し, 農村女性

の健康問題がクローズアップされるようになった．このため，生活改善指導は普及事業10年の足跡を土台にして，農家のよりよい生活を目指して当面目標を策定した（岩手県 -a64）．

3-2) 1959～1970年（昭和34～45）・1971～1975年（昭和46～50）の課題目標【高度成長下の対応・米生産調整への対応】

1959～1970年（昭和34～45）の生活改善の課題目標は，「高度成長下の対応」，1971～1975年（昭和46～50）は「米生産調整への対応」という目標を設定し，解決方法としてはいずれも共同課題として設定している．

1959～1970年（昭和34～45）の課題目標は，「高度成長下の対応」であり，課題解決の方法はそれまでは個別課題の解決方法であったが，この時期から共同課題の解決方法に変わっている．課題目標を達成するための具体的指導は，まず衣生活の面では，作業衣及び寝具の共同縫製，食生活指導では健康管理の啓発，農繁期の共同炊事の設置，電気器具等家事用設備導入があげられる．また，住宅改善指導では1955年から（昭和30年代前半）は「かまど改善」が看板であったが，これをきっかけに1959～1970年（昭和34～45）からは，住宅改善を積極的に指導し新築・改築の設計作成，寝室の改善，風呂・便所の改善を行っている．これは，県が無利子の生活改善資金を貸し付けたこともあって農家の住宅改善の意欲に直結し，「明るい住みよい住宅」の実現に至っている．さらに，家計管理指導では家計簿記帳の推進，家事時間の確保について指導が行われた．そして，活動方式は1955～1960年（昭和30年代前半）は個別指導であったが，1959～1970年（昭和34～45）以降はグループ指導方式となった．その具体的な指導方法は1962年（昭和37）からは「地域濃密指導」，1969年（昭和44）からは広域活動としてその活動を展開していった．

1971～1975年（昭和46～50）は「米生産調整への対応」という課題目標をあげ，衣生活指導においては「作目型作業衣の改善」[5]，食生活指導では「自給生産物の高度利用」について指導を行っている．また，住宅改善指導では1959～1970年（昭和34～45）の指導と同様，「新築・改築の設計作成」および「生活環境整備」を行っている．そして，家庭管理指導では「記帳農家の育成」に努めている（笹田1995：31）．

岩手県では，1964年度（昭和39年度）に農山漁村住宅実態調査をもとに基礎資料の収集を行った．その結果，指導機関・行政・建設関係者などの横の連携を

密にする必要があり，1965年（昭和40）4月に「岩手県農山漁村住宅改善推進協議会」を設立し，普及員が第一線に立って現地指導にあたることとなった．（岩手県-a64）．

3-3) 1976～1982年（昭和51～57）の課題目標【地域農業への対応】

1976～1982年（昭和51～57）の課題目標は，「地域農業への対応」である．1950年代（～昭和30年代前半）の生活改善の課題目標に対する解決方法は個別課題解決であり，1959～1970年（昭和34～45）・1971～1975年（昭和46～50）の課題目標に対する解決方法は共同課題の解決方法として設定された．ここでは，家族・集落・生産組織を対象の課題方法として設置されている．具体的な指導内容はまず，衣生活指導においては「防除衣の普及」，「農作業条件の改善」，食生活指導では「安全な食品の計画的調達」，さらに住宅改善指導では「衛生設備の改善」，「地域生活環境の点検整備（環境点検・美化推進・手づくり村の整備環境）」をあげている．家庭管理指導では「生活設計の樹立」，「家計簿記帳の推進」を行っている．そして，組織育成と活動の助長において，「生活伝承技術の継承」，「農村高齢者活動の促進」，「活力のある我がむらづくりの推進」を設置している（笹田1995：31）．これは，1976年（昭和51）2月に策定した「岩手県農業発展計画」のなかで，明るく豊かで住みよい農村を築くための目標として「都市住民には求めても得られない"むら"の伝承と風土に根ざした特色ある田園生活」をあげたという背景があり（岩手県-a65），課題目標達成の指導内容としたと考える．

ところで，本節の冒頭でも述べたが，このような生活改善活動の課題設定は，生活改良普及員が実際に農家女性を訪問し調査することから得られている．生活改良普及員であった桑原は，「農家の暮らしの中に入り込み，共に悩み，課題解決への意欲を喚起し，よりよい農家生活を営むための総合的生活技術の指導によって，農村女性の地位の向上と農家生活の向上を支援した生活改良普及員の活動を見逃すことはできない」と述べている（桑原1995：95）．

3-4) 1983～1988年（昭和58～63）の課題目標【冷害と固定化負債への対応】

ここまでは，1950年代（昭和25～30年代前半）において設定された指導内容の5項目，「衣生活指導」，「食生活指導」，「住宅改善指導」，「家庭管理指導」，「組織育成と活動の助長」の分類のもと30年余にわたり継続した指導が行われて

きた．しかし，岩手県は1976・1977年（昭和51・52），1980・1981年（昭和55・56）に大冷害に見舞われ，米の収穫に大きな影響を与えた．したがって，1983～1988年（昭和58～63）の課題目標を「冷害と固定化負債への対応」とし，先の指導内容の5項目の分類についてこの時期に大きく改編している．これまでの指導内容であった「衣生活指導」，「食生活指導」の項目を，新たに「生産と生活の調和」とし，「住宅改善指導」は「美しい農村づくり」と「快適な住まいの環境づくり」の2つに分けられている．次に，「家庭管理指導」についてであるが，この項目も2つに分けており，「農家生活の楽しみの創出」，「質実健全な生活経営の確立」とした．そして，「組織育成と活動の助長」の項目においても「人情豊かな近隣関係の醸成」と「農村社会の活性化」2つの項目に分けて実施された．したがってこの時期の指導内容は，「生産と生活の調和」，「美しい農村づくり」，「快適な住まいの環境づくり」，「農家生活の楽しみの創出」，「質実健全な生活経営の確立」，「人情豊かな近隣関係の醸造」，「農村社会の活性化」の7項目によって実施していくこととなった．その新たな7項目の内容を以下に示した（笹田 1995：31）．

＜生産と生活の調和＞
・農作業の改善による健康管理
・農薬安全使用の徹底
・安全・機能的作業衣の普及
・食生活の自給率向上（家庭菜園の充実）
・農産物の有効活用（加工施設の整備）
＜美しい農村づくり＞
・人に誇れる美しいむらづくり
・集落生活環境の点検・施設整備
＜快適な住まいの環境づくり＞
・住居環境づくり
・農業廃棄物・家庭雑排水の適正処理
＜農家生活の楽しみの創出＞
・農作業と家事の改善による余暇創出
・農家ならではの食生活の工夫
・楽しいリフォーム・身だしなみ工夫

＜質実健全な生活経営の確立＞
　・家計支出の計画化・負債農家の再建
　・パソコンによる家計診断
＜人情豊かな近隣関係の醸造＞
　・婦人組織の活動助長
　・高齢者の役割向上と生きがいづくり
＜農村社会の活性化＞
　・活力ある我がむらづくりの推進

　岩手県では1970年前半から1980年前半（昭和50年代）の冷災害や農業機械の過剰投資などが複雑に絡み合って，負債問題に発展してきたため，家計費を見直すということに視点が当てられ，これまでの農家簿記記帳の指導を一層強化し，「家計費2割削減」を呼びかけている（岩手県-a65）．したがって，7指導項目のなかに，「質実健全な生活経営の確立」が新たに設定され「家計支出の計画化・負債農家の再建」，「パソコンによる家計診断」が盛り込まれたと考える．この負債問題を裏付ける調査結果について石田が報告している．表3-2は，1986年（昭和61）から1987年（昭和62）に岩手県農協中央会が実施した調査で把握された負債発生原因を表している．負債発生原因は，住宅新築・増改築20.1

表3-2　農家負債の発生原因

単位：%

順位	原因	割合
1	住宅の新築・増改築	20.1
2	冷災害による減収	15.2
3	生産資材高騰，販売価格低迷	10.7
4	無理な規模拡大	7.9
5	栽培（飼育）技術の未熟	7.1
6	その他：所得に見合わない家計費支出，他事業の失敗自己資本不足，経営主・家族の病気，死亡，過剰投資	

引用：石田信隆，農家負債対策と農協，農林金融，2003（12），25-26．

％，冷災害による減収15.2％が上位を占め，無理な規模拡大7.9％，栽培（飼育）技術の未熟7.1％，所得に見合わない家計費の支出など多様な原因で負債が発生している（石田2003：25-26）．

　また，1978年（昭和53）頃から「農家ならではの豊かな食生活」を目指し，農産加工が盛んにとなり，各地域には加工施設の整備を強く望む声が広がり，大豆加工器具が整備され，手作りの味噌・豆腐が盛んに作られるようになった（岩手県-a66）．これらの活動は「生産と生活の調和」のなかの「農産物の有効活用（加工施設の整備）」にあげたことを具体化したものと考える．

3-5) 1989～1998年（平成元年～10）からの課題目標【水田農業確立への対応・集落営農への対応】

　1983～1988年（昭和58～63）の課題目標は，それまでの指導内容5項目を改変し「生産と生活の調和」，「美しい農村づくり」，「快適な住まいの環境づくり」，「農家生活の楽しみの創出」，「質実健全な生活経営の確立」，「人情豊かな近隣関係の醸成」，「農村社会の活性化」の7項目によって展開した．しかし，ここで再び改変がなされている．この期の課題目標として挙げられた，「集落営農」とはどのようなことを意味するのか，なぜここで課題目標としたのかその背景について述べてみたい．

　集落営農とは，集落を単位として，生産過程の全部又は一部について共同で取り組む組織をいう（農林水産省）．戦後の農地改革は農村の民主化を推進するとともに，手労働に依拠した零細農耕技術を駆使して農業生産力の発展，とりわけ土地生産性の飛躍的向上をもたらした．しかし一方で，農地改革は零細分散錯圃制の仕組みをまったく変えることなく，一筆ごとの所有権を地主から小作農に移し替えただけであった．その後の農地政策も私的所有を中心に据えた内容で企画立案され，農地の効率的な利用については政策の中心に位置づけられてこなかった．このような政策的背景のなかで，生まれてきたのが集団的土地利用である．実際の集団的土地利用は，米の生産調整に関わる集団転作を中心としてはじまることが多かった（長濱2007：26-33）．また，兼業化の進展と農業従事者の高齢化による担い手不足への対応を主目的として，「集落営農」がはじまった．この経緯は，桂によって「集落営農は，過剰な機械投資を減らし，合理的な土地利用を実現し，耕作の担い手の持続性を確保するうえで効果的である．」と要約されている（桂2007：155）．

先に述べたように，岩手県ではこの時期の生活改善課題目標を【水田農業確立への対応・集落営農への対応】としたが，その背景には集団的土地利用の課題の存在があった．1981年（昭和56）4月に，むらづくりを通じた集落ぐるみの高生産性農業の姿を「むらぐるみ農業」と位置付け「"新いわて農業"確立計画」として定めた．むらぐるみ農業の目標は，農村集落全農家の参加により，「集落を基礎とする高生産性農業の確立」と「明るく豊かな農村社会の実現を進める」ことであった．その後，高速交通新時代への突入などを背景に，「第2次"新いわて農業"確立計画」を定め，「むらぐるみ農業」によって「農業の再編」を県内全域に進めることを大きな柱とした．この計画では，むらぐるみ農業の中心的担い手を「主業型農家」と位置付け，この「主業型農家」の育成を重点課題として，兼業を志向する農家との協調による集落農業の仕組みづくりを目指した（岩手県-a59）．

　新しい指導内容は6項目となり，これまでの「生産と生活の調和」の項目を2つの指導項目とし「農業労働の改善」，「地域農産物の利活用」をあげている．また，それまでの「美しい農村づくり」，「快適な住まいの環境づくり」を「生活改善の快適化」という1つの指導項目にまとめている．次に，「農家生活の楽しみの創出」，「質実健全な生活経営の確立」を「新しい農家経営の確立」とした．「人情豊かな近隣関係の醸造」，「農村社会の活性化」の2項目はそのまま継続されている．

　したがって，1989～1998年（平成元～10）は，「農業労働の改善」，「地域農産物の利活用」，「生活改善の快適化」，「新しい農家経営の確立」，「人情豊かな近隣関係の醸造」，「農村社会の活性化」の6項目で指導を展開したということが確認できる．活動方式は1950年代（～昭和30年代前半）が個別指導で，1959～1970年以降（昭和34～45）はグループ指導方式となり，その具体的な指導方法として1969年からは広域活動としてその活動を展開した．

　生活改良普及員は市町村担当制であったが，1991年度（平成3年度）からは，より専門的な見地に立った広域活動を展開するため，「農業労働」「農家経営」「地域食生活」「農村環境」の4部門制とし，専門項目をもって普及活動に取り組んだ（岩手県-a67）．1991年（平成3）に改良普及員の受試資格等の改正が行われ，農業改良普及員，生活改良普及員の試験区分が廃止されたことで，その呼称区分も廃止され呼称については，改良普及員として一本化されることとなった．

3-6）1999年（平成11）以降の取り組み

　岩手県では1999年（平成11）11月に，「岩手県農山漁村女性組織連携会議」が発足し，翌年の2000年（平成12）4月の「むら・もり・うみ女性ビジョン」の策定の推進主体として位置づけられ，女性ビジョンの見直しを図って行った．

　このように，岩手県農山漁村女性組織連携会議の発足は，組織運営における方針決定の場への女性参画を促進し，市長会・町村会・農業会議に対し「女性を農業委員に登用すること」の要望書を提出し，7人の農業委員が誕生した．普及組織では，農業後継者や女性もパートナーとしての立場で経営に参画できるよう，家族合意のもとに就業条件等を取り決める「家族経営協定」の締結を積極的に推進してきた．むら・もり・うみ女性ビジョンでは，締結数1,000の目標指標を2010年度としていたが，2007年度（平成19年度）に前倒しで目標が達成した．さらに，むら・もり・うみ女性ビジョンでは2002年度（平成14年度）から，県内の優れた起業活動の取り組みに対して「むら・もり・うみ女性アグリビジネス活動表彰」を実施しており，2008年度（平成20年度）までに39の個人及び団体が表彰され，企業活動のステップアップにつながった．2006年度（平成18年度）からは，岩手県農山漁村女性組織連携会議と県の共催により「むら・もり・うみ女性塾」を開催し，次世代リーダー育成の取り組みへと発展している（岩手県-a69-70）．

3-7）小活

　岩手県における生活改善普及事業の課題を年代別にみた．

　1950年代（～昭和30年代前半）は，【貧しさからの脱却】を生活改善の課題目標とし，5名の生活改良普及員が暗中模索の中，「まず農家のふところにとびこむこと」を合言葉に誰でもすぐ取り組める課題をかかげ一戸一戸巡回する方法で行われた．

　1959～1975年（昭和34～45）は，【高度成長下の対応・米生産調整への対応】であり，この時期は個別課題解決方法から共同課題解決方法に，指導方法は個別指導からグループ指導とした．さらに指導方法は，集団への波及効果を期待してグループ育成から地域濃密指導により活動を展開した．次の課題目標は，1976～1982年（昭和51～57）の【地域農業への対応】である．岩手県は大冷害に見舞われ米の収穫に大きな影響を与えたことにより1983～1988年（昭和58～63）の課題目標を【冷害と固定化負債への対応】とした．

1989～1998年（平成元～10）からの課題目標は【水田農業確立への対応・集落営農への対応】とした．「生活改良普及員」という職種は，1998年度（平成10年度）を最後に無くなり，1999年度（平成11年度）より農業普及員に一本化された．

1999年（平成11）に，「岩手県農山漁村女性組織連携会議」が発足し，組織運営における方針決定の場への女性参画が促進され，普及組織では「家族経営協定」締結の積極的推進を行っている．

4．生活改善グループの育成

本章第1節で述べたように生活改善普及事業の目的は2つである．「生活をよりよくすること」，「考える農民を育てること」であり，この目的を達成する手段として「生活技術の改善」と「生活改善グループの育成」が位置づけられている．

この生活改善実行グループは，農家の人々が共通の目的のもとに自主的に結成する集団である．生活技術は部落の全員が習得すべきものとして上から命令が下がるという性質のものではない．あくまで農家の人たちの選択，自主性にまかされる．農林省は，婦人会などの地縁集団とは明確に区別すべきものとして，生活改善実行グループの自主的な結成を促した．また，当時の嫁の立場からは生活改善実行グループの会合は外出のための大義名分となり，家や部落の人々の監視から免れる機会にもなりえた（市田2005：52）．

岩手県では農村生活がよりよくなることと，考える農民を育てることを目的に，戸別訪問や座談会に参加し活動を行ったが，このような方法は非効率で計画性が無いという反省がなされた．1951年（昭和26），その普及の活動拠点として設置したのが「生活改善指定部落」である．この生活改善指定部落が実績をあげはじめた昭和20年代後半から昭和30年代前半は，自主的な生活改善グループが生まれ育った（桑原1989：23）．その結果，はじめは13グループであったが，1954年（昭和29）には急激に増えて207グループにまで拡大していった．（岩手県-a63）（岩手県）

生活改善グループは，よりよい家庭や住みよい農山漁村の地域づくりを目指し，長年にわたって生活や農業に関する知識・技術の研鑽に努めてきた．さらに男女がともに参画する活力ある地域社会を目指し，2000年（平成12）に「岩手県生活改善グループ連絡会」から「岩手県生活研究グループ連絡協議会」に名称

を変更した（岩手県-a71）．

注
4)　笹田昭市 1995「生活改良普及員への応援歌」岩手県職員労働組合普及職員協議会，31．
5)　作目の作業に応じた作業衣の改善を行った．作目はおもに稲，リンゴ，タバコなどである．リンゴ農家では何回も行う消毒作業から身を守るために「防除衣」に工夫がなされた．また，タバコの葉は汚れが多いためそれに対応するような作業衣を検討した．さらに，農作業の形態に応じた作業着を検討し作成した．例えばハウス栽培による作目ではハウス内での作業を行うがハウス内の温度・湿度が高く汗の量が多くなることから，作業衣のわきの下を空けたデザインにした．また作業着は和式の着物であったが洋式に変えて行った．さらに，作業着と普段着の区別がなく不衛生であったことから，作業着と普段着の区別を提案した．

第4章　農家女性に対する普及活動 ─岩手県を中心に─

　第3章では，わが国における生活改善普及事業の成立過程とその目的を確認し，岩手県における生活改善普及事業の変遷について年代ごとの課題に沿って論じた．本章では，岩手県の生活改良普及員を対象に聞き取り調査を実施した結果をもとに，農家女性に対する普及活動の実際について論じる．

1．調査の概要
　生活改善普及事業の目的は，「生活をよりよくすること」，「考える農民を育てること」であり，あくまで農家の人たちの自主性を尊重するということが前面に打ち出されている．しかし，生活技術の指導を行い，農民の課題解決へ向けて共に悩んだ生活改良普及員の活動がなければ，農家生活の向上はなし得なかったと言っても過言ではない．本節では，岩手県において生活改善普及事業に取り組んだ生活改良普及員からの聞き取りにより，生活改良普及員がとらえた農家女性の特徴を探ることを試みる．

2．データ収集について
1) 生活改良普及員からのデータ収集は，本研究の対象であるT地区の生活研究グループのメンバーから，岩手県で普及事業に関わった生活改良普及員を紹介してもらい，研究の目的・研究方法などを説明し対象者への研究協力依頼を行った．調査期間は2009年10月～2010年3月，調査内容は，普及活動歴，活動内容，普及員からみた農家女性についてであり，内容は同意を得てテープに録音し，逐語録に起こしデータとした．
2) 岩手県の普及事業に関連する文献より収集した．

3．生活改良普及員の背景（表4-1）
　対象となった生活改良普及員は5名である．A氏は岩手県において2年間の農業講習所における教育を受け生活改良普及員として採用された1期生である．A氏は大学に進学したかったが，経済的理由から断念した．そんなときラジオから「農家の農業と生活について改善指導する学生を募集する．高校卒2年在学，入

表 4-1 生活改良普及員からの聞き取りの概要

(平成 22 年 3 月現在)

内容＼氏名	A氏	B氏	C氏	D氏	E氏
年齢	70代後半	70代前半	70代前半	60代前半	30代後半
学歴	昭和27年 農業講習所卒業	昭和31年 農業講習所卒業	昭和34年 農業講習所卒業	昭和41年 農業大学校卒業	平成6年 岩手大学農学部卒業
職歴	生活改良普及員3年 専門技術員 次席専門技術員 農業短大教授3年	生活改良普及員18年 専門技術員13年 農業短大教授5年	生活改良普及員38年	生活改良普及員31年 専門技術員1年 研修農場4年 農業短大6年 県庁2年 平成22年3月退職	二戸普及所3年 大船渡普及所3年 平成14年～ 中央農業改良普及センターで農村生活担当
主な担当地区	初任地 遠野地区 1人で148部落 4000戸	初任地 岩手地区 1人で4町村	初任地 福島県4年 岩手県34年	初任地 遠野地区 3人で11カ所 現在花巻地区担当	県域・地域の普及
主に指導した生活改善グループ	生活改善グループの組織育成 昇光会（昭和27年）	平成元年に県で初めての住宅団地と農村女性の交流会「ホッとハウス」 日本農業コンクールで日本水産大臣賞受賞 萩牛生活研究グループ「鉄山染め」加工所	特にない	青笹 すみれ会 （昭和48年）	産土農産加工 （平成17年）
生活改良普及員からみた農家女性の変化	昭和20年代後半、家畜より粗末な扱いを受けている農家女性の実態から、嫁も一人の人間として遇される生活を創り上げることが先決と、生活面の研究を取り上げた。 夫婦で米の増収のためのおしどり学習→愛妻貯金。 着物式作業衣→洋服式作業衣への工夫。 暮らしが良くなるような物事を技術・実践・仲間を通して変えていった。	金銭感覚が無く、ただ働くだけの農家女性→ただ働くだけではつまらない。自分たちの老後のことを見据えた生活、家庭経済のことも考えなきゃならないと考えるようになった。 40年代から農家女性の生活感の変化→ 家計簿記帳、農産物の加工販売 成果の発表→ 村づくり 作文コンクール 家計簿コンクール 50年代の大冷害→ 農産加工の勉強を必死に行った。	生活研究グループはリーダーを固定しないように指導した。その結果メンバーが輪番制でリーダーの役を担うのでリーダーシップが取れるようになる。→自己の成長・他人への気配り→指導力 根底に流れるものはリーダーシップである 生活研究グループ活動において勉強することは大切。現在の活動は安定しているが将来的には別の形で発展していくように感じている。	生活改善グループに所属することで情報量が多くなり、農家女性の意識が高まる。その結果知識を獲得し、技術の向上に繋がる。食の技術を活かした起業活動による、加工品の製造販売が経済力を高める。 企画力・技術力・経済力が高まる。 すみれ会の活動→健康講座→料理講習会→家庭菜園→タバコ作業衣の改良 他の集落に波及し「社会生活研修グループ協議会」結成→県会議員の誕生	いろいろなグループがある中で鷹巣堂の生活研究グループは前向きで研究熱心である。 リーダーの影響もあると思う。グループ活動を通してグループ員がそれぞれリーダーシップを発揮し、話し合いで物事を勧めていくようになる。 鷹巣堂生活研究グループの活動→ 公民館の建て替えの際に中山間地域等直接支払制度の交付金を活用し、地場の農産物を利用した農産加工・販売を目的とした「たかすどう産土農産加工」を組織した。
各普及員の聞き取りの要約	女性の地位の向上 創設期の指導者として、手探り状態の中で農家女性が人間らしい生活が出来るよう普及活動の基礎を築いた。	女性の自立 A氏を素晴らしい先輩と尊敬し、A氏が築いた活動の方針を基盤に、女性に経済のしくみや加工品生産の技術を修得させた。	リーダーシップの育成 グループ活動においてグループ員がそれぞれにリーダーシップを持てることが非常に大事である。そのためにリーダーを輪番制にした。	地域社会で活躍する農家女性 生活改善グループ「すみれ会」立ち上げに関わる。グループ活動において、農家女性は情報の量が増え、知識が豊富になり技術が身に付く。	生活研究グループ活動への支援 生活研究グループに、さまざまな情報を提供し、研究熱心で前向きなグループの場合にはいろいろと挑戦し改善しようという姿勢がある。

試その他の詳しいことは岩手県庁農産課にお問い合わせください」と放送が流れていた．A氏は早速尋ね，生活改良普及員を養成する生活科は香川，長野，岩手の三県であり，授業料はないということを知り1950年（昭和25年）年に入学した．

20歳で初任地である遠野地区に赴任した際，1人で148部落4000戸の担当となる．その時の心境をA氏は次のように述べている．

赴任地の遠野駅に降り立ったのは，昭和27年（1952）の夏であった．四方の山から受けた圧迫感と，自炊宿のおばさんが私を指して「旅のお方」と呼んだ強烈な印象は，「郷に入って郷を知る」ことが仕事の第1歩であることを，無言のうちに教えてくれた（桑原1989：89）．

しかし，C氏は聞き取りのなかで，「A氏が転勤で去る時には，釜石線は遠野駅他各駅各駅，農家のお母さん達が見送りに来て大変だった」と，後輩の生活改良普及員たちに語り継がれていると話されている．

B氏はA氏の2年後輩である．A氏を素晴らしい先輩と尊敬している．生活改良普及員になった動機は，農業をしている兄に勧められたからである．生活改良普及員は"天職"だから，辞めたいと思ったことはない．後輩たちにも常々"天職"だと言って育てて来たという．生活改良普及員としては「誰にも負けない」という自負がある．現在も「農の生け花」の展示会などに出品する等の活動を継続している．

C氏は2年間の農業講習所の教育を受け国家試験に合格し，福島県に赴任し後に岩手県に異動している．普及員は農家の女性との信頼関係を作ることが大切である．普及員は100%ではない．技術20%くらいの力，後は農家のお母さん達の技術である．普及員は農家のお母さん達の橋渡しであり，コーディネイトすることであると考え活動を行ってきた．

D氏は，農業講習所が農業大学校と名称が変更になってから教育を受けている．その農業大学校にA氏が教師として赴任している時の生徒である．将来は「食」に関する職業に就きたかったので，栄養士か生活改良普及員かなと考えた．D氏はA氏と同郷で，地元でA氏のことを聞いていたこともあり，農業大学校を目指して受験勉強に励み合格した．初任地では，生活改良普及員3人で遠野地区11カ所を担当した．その後31年勤め，間もなく定年を迎えることになっている．

E氏は1991年（平成3）の国の方針において，農業改良普及員と生活改良普

及員という呼称区分が廃止され「改良普及員」になってからの普及員である．4年制大学の農学部を卒業し現在は農業普及員になっている．生活改良普及にかかわったことはないが，現在は生活研究グループに様々な情報を提供するなど普及指導を行っている．

4．生活研究グループ活動を行う農家女性
4-1) 普及活動以前の農家の女性 ―生活・労働の実態―

　日本の農業は，直系家族を中心とする「農業＝いえ」を基本単位として，それによって営まれる小農生産であった．つまり農家は生産と生活の再生産の基本単位であり，生産において「いえ」としての労働配分を行って一定の時間的・空間的な諸作業の連鎖をこなし，生活において「いえ」そのものの再生産を行った．(牛山2005：1)．

　農家生活について東北農業試験場が1950・1951年（昭和25・26）に，二戸郡荒沢，下閉伊郡岩泉，稗貫郡矢沢，東磐井郡薄衣村の4村41戸を対象に調査を行っている[1]．この調査によると，「4村合計して男性より女性の労働人口が多い．そして経営規模が大きくなるにつれて女性が少なくなり，経済力が豊かになるほど，女性の就農は低くなっている．農村女性の日雇い労働は，総計で女性が男性の2倍となっている」と報告されている．調査時の昭和1950年頃は，まだほとんどが手作業という労働状態で，田植えの時期は3時に起床し，朝飯前に働き，実労働は約13時間前後であった．「除草は田植え後10日前後で開始され，酷暑の中幅の狭い泥田の手押除草は最もつらい作業であった」という．稲刈りの時期は朝5時に起床，「稲を干す作業は背中を85度に曲げ通しの作業で，除草や干し方の作業は，あまりつらいので46歳までには中止，次の世代に渡している」その様子が「50歳以上の女性の44％が腰が曲がり，同年齢の男性では14％であった」との報告からも，女性にとってつらい労働であることが窺える．また，田植えや稲刈りの間には，養蚕，野菜作り，大麦の種まき，麦刈り，地域によっては炭焼き作業も行っていた．家事労働の中には，牛馬の給餌，朝の草刈，水くみ，裁縫や洗濯は夜の仕事であった．(熊谷1981：61-63)．

　我が国の生活改善事業は，GHQの強い意向のもとに1948年（昭和23），農林省農業改良局普及部生活改善課が創設され，初代課長に山本松代を迎えて開始された．岩手県では1950年（昭和25）4月，初めて生活改良普及員5名が採用され普及活動が開始された．生活改善普及事業が開始された当初の1950年代（昭

和30年代前半)の課題目標は,「貧しさからの脱却」であり,指導内容は「衣生活指導」,「食生活指導」,「住宅改善指導」,「家庭管理指導」,「組織育成と活動の助長」の5つがあげられている.

なかでも「かまど改善」は普及事業の看板といわれた.このかまど改善には副次的効果も期待されていた.「いろりをかまどに改善することにより,農村地域に多かったトラコーマを予防し,さらに薪の熱効率を高め,囲炉裏につきっきりで火を燃やす時間の節約」など,かまど改善は,農家の女性の家事労働や健康の側面からも有益であったことが記されている.(県生活改善実行グループ連絡研究会 1981：278)

前述のA氏と同時期に生活改良普及員に就任した大橋瑠璃子氏は,「農家を訪問して先ずびっくりすることは,台所の暗さといろりの煙.しばらくは家の中がどうなっているのか,誰がいるのかさえ分からないのです.目の中に沁み込んでくる煙,喉に入って咽たりするのでひどかった」と,かまど改善に取り組んだ現状を述べている.(あぜ道讃歌 44)

A氏は「かまど改善」の指導について次のように話している.

"えじこ"に入れられた赤ちゃんの顔にハエが真っ黒について,何とかしなければと思った.囲炉裏での火傷事故などが村の中で見られ,心苦しく,痛む思い出である.とにかく足でかせぐ自転車で,多くの人に知ってもらえと戸別訪問.歩きながら考える毎日だった.確かな技術を手段として生活を変えていく.指定部落の一農家で"かまど改善"を行い実践展示により,普及と波及を狙った.

さらにA氏は,

かまど改善資金がない農家に『貯金は日がけ月がけ心がけ,米を洗う前の"一握り運動"』を提唱し,月に三升を貯えさせ集会に持参.それを無尽で引いた人がかまど改善資金として使うことで改善にこぎつけた.

とも話された.

4-2) 農家夫婦のおしどり会 ―夫婦で取り組む生活改善―

生活改良普及員が戸別訪問を通して見えてきたことの中に,弱い嫁の立場をあげている.ツノの無い牛[2]と言われ,働き手にすぎない現実.昭和30年ころまで見られた無介添え分娩.夫に働きかけよう.農業改良普及員さんと一緒になって男性たちに呼びかけ"おしどり会"[3]を結成."おしどり会"に参加した嫁達

は，家では話せないことも一緒に発言の機会を得ることとなった．（A氏）
　A氏は後に『野に咲く千草』のなかでこの"おしどり会"について，次のように記述している．
　「岩手県の生活改善指導は1950年（昭和25）から開始されたが，開始当時の課題目標は「貧しさからの脱却」であった．米の増収のためにおしどりで学習に取り組んだ．農業技術の学習を重ねて10a6俵の収穫から8俵に増収した．こうしておしどりで農業生産と労働の改善を進めた」[4]
　この当時の嫁たちは，自分の意見など全く言えない立場であり，全ては家長の指示に従わなければならなかった．このような農家の実態は岩手県に限ったことではなく一般的だったことが鶴の壱岐島で行った調査からも明らかである．
　以下の内容は，鶴が1957年（昭和32）当時の新聞記事から把握した内容である．

　「自分の意志を働かし，自分の力を伸ばし，独創をたて，自分の喜びを喜ぶなどということは望みもよらぬのである．自我が漸く成熟し，固定しようとする年齢にありながら，いかに自我を殺し，自我を失い，目をつぶり，成長をとどめ，声を押しつぶすかにつとめなければならない．」（鶴 2007：77）
　生活改良普及員は，戸別訪問によって人間扱いされていない弱い嫁の立場が見えてきた．そして，この嫁の立場を改善していくには，嫁だけに働きかけてもおそらくそれほどの効果は得られないと考えて，夫にも働きかける方法として"おしどり会"を結成したのであろう．では，なぜ嫁だけを対象とせず"おしどり"としたのであろうか．鶴がエンパワーしていく農家女性について「アイディアをくれた男性の力を借りて，女性一人の思いつきではないことを集落の寄り合いで説明し，全戸に声をかけ，参加希望者は世帯主の名前で申し込むようにした．家単位の参加という印象を与えたことで，家との緊張関係が生じにくかった．このように，男性を立てて面子をつぶさないようにしながら，活動実績を積み上げて実力を見せるという方法がとられている．」（鶴 2007：210）

　鶴の報告は，女性が活動する場合に個人を前面に出すのではなく，表立ってはまず家単位，あるいは夫婦単位という"形"を整えることが重要で，そうすることで結果的に嫁の立場の女性の活動が受け入れられるということを意味している．生活改良普及員が，"おしどり"とした理由がここにあると考える．

"おしどり会"の活動実績として米の増収がある．農業生産においては岩手県の基幹作物は水稲であったが，日本の米はまだ自給には至っていなかった．30歳代がおしどりで学習を継続し，米の増収に取り組んだ．その結果10a 6俵の収穫から8俵までに増収することに至った．その中で，各戸10aの水田を"生活改善実行田"に設定し，実行田からの増収は"愛妻貯金"として生活改善資金に回すことを申し合わせた．年一斗[5]が貯金となり嫁たちにとって生まれて初めての自分名義の定期貯金ができたが，これは夫たち全員の協力によるところが大きかった（桑原 1989：23-24）．

4-3) 家計簿記帳への取り組み ―家族経営協定までのみちのり―

　自給的な農業経営において，嫁の立場である女性が現金を持つことはなかった時代から，生活改善事業の取り組みにより"愛妻貯金"と称し自分で使えるお金を持つまでになった．しかし，農家の女性の金銭感覚についてB氏が語っている．

　女性が物を作ってお金を取るなんてことは経験がないわけですよ．小遣い銭がなくても，"人の前に出て物を売るなんてできない"というお母さん達がいっぱいいてね．でも家計簿記帳するとか学習を続けて目覚めるわけですよ．農家の女性に金銭感覚を植え付けるために，自分の家でとれる米の自給率について，"お金で計算すれば何ぼになるか"」っていうところから始めて．そしてどこの家でも自家生産物50万円をめざそうという目標を示した．米も含めて，豆腐，野菜とか．自家生産物を家計で賄うという運動を展開した．時代の要請に敏感に反応しないといけないわけですよね．自分たちの作った物をいかに付加価値付けるかという時代になっているんです．（B氏）

　B氏をはじめ生活改良普及員は家計簿記帳の指導を普及活動の一つに取り入れた．その成果について生活改善実行グループ連絡研究会がまとめている．財布のヒモも渡されていない嫁たちが家計簿を記帳し，分析し問題点を見つけ出す．計画ある生活を営むことなどとても考えられなかったのが，1962年（昭和37）半ばころまでの農山漁家の生活であった．そのような生活にあって，矢巾町のやまびこ生活改善グループの高橋文江は，1957年（昭和32）のグループ結成当時からリーダーとして記帳を実施した．1959年（昭和34）に家の光協会が募集した記事活用文[6]に応募し，仲間づくりと家の光家計簿記帳の体験文が地方，県で1位となり全国大会で発表した．以来，記帳と青色申告，生産と生活改善活動に多

くの成果を修めたが，全国大会の発表が契機となり矢巾町を含む不動地区に県下のトップを切って農協婦人部の若妻部会が誕生した．後に高橋文江は県政100年功労賞を受賞することとなった（県生活改善実行グループ連絡研究会1981：438-439）．そして，1982年（昭和57）の全国家計簿コンクールで岩手県から初めて最優秀賞を受賞した．この受賞者が遠野市青笹町「すみれ会」の工藤勝子氏である（県生活改善実行グループ連絡研究会1981-438）．この「すみれ会」の立ち上げには，本節の調査対象のD氏が指導にかかわっている．

　1950年代からの生活改良普及員の生活指導は，「ツノのない牛」と言われ，働き手にすぎない存在であった農家の女性を，社会に目を向ける存在へと導いたと考える．農家の女性は20年に渡る生活改善普及事業を通し，社会から評価を受けるまでに成熟しその過程において労働の価値を見いだしていったと考える．社会的評価を受けるということは「不可視の存在」から「可視的な存在」になったことを意味する．この「不可視の存在」から「可視的な存在」の転換について靏が次のように述べている．「戦前から前後そして現在に至るまで，農家女性たちは，家業である農業に従事しているにもかかわらず，二重の意味で『不可視の存在』であった．1つは，個々人の労働に対する報酬の不明瞭さという点であり，2つめは男尊女卑の強固な社会通念（男が主／女は従，または男が主／女はその補助）が支配的である農村社会において，夫は公的な領域，妻は私的な領域をそれぞれの居場所とする『棲み分け』がなされていること，また，男女が同一の場所にいる場合は，『男が前面に出て，女は後ろに下がって』ということが一般的だという点である．」（靏2007：16-17）

4-4）女性起業の事例

＜家計簿コンクール全国最優秀賞受賞すみれ会の事例＞
①普及指導の対象事例とその背景
　D氏は生活改良普及事業のため巡回している中で，"何かしてみたい"というような比較的意欲のあるグループに出会ったとき，「生活研究グループを組織して計画的な活動をしていきませんか」と呼びかけた．その時に，それまでに結成している生活研究グループの活動を紹介し"定期的に集まって，衣・食・住で自分たちが必要な課題は何かを掘り下げて勉強していく集団なんですよ"と説明した．生活研究グループが組織されると"生活改良普及員も計画的に来てあげることが出来ますよ"と組織化を誘導していった．

1972年（昭和47）に，担当地区の青笹に生活研究グループ「すみれ会」を組織した．その時のリーダーは20代のK氏で，メンバーは30代，40代が中心であった．K氏は婿取りで祖父が地域の有力者であったことが，「すみれ会」のリーダーの役割を担ったことを後押ししたと思われる．
②具体的指導内容と成果
　青笹は，タバコの生産地帯であるが山あいの地区で，冬場の緑黄色野菜の確保が課題であった．3月になるとタバコの苗を作るので，苗床の角に緑の野菜の種を蒔けば"いつもより早くとれるね．計画的に勉強していきしましょう"ということで始めた．同時にタバコ栽培時の作業着の考案を行った．他に農産加工，豆腐づくり，納豆作り，麹づくりを指導した．生活研究グループは衣食住について話し合いを行うので，"住宅改善したい"という会員がいれば，そのころはまだ住宅貸付資金制度があったので紹介も行った．その後リーダーのK氏が，1982年に家計簿コンクール全国大会で岩手県初の最優秀賞を受賞し[7]，このことが農家女性の励みとなっていった．

＜久慈市鉄山染め加工所開設＞
①普及指導の対象事例とその背景
　B氏は1985年（昭和60）ころに，久慈市の海岸地帯の普代村の農家女性たちに「鉄山染め」を考案した．普代村は600戸ほどの村で，その当時の普代村の農家女性は，自宅の蕎麦や豆などを作り，他には村の地主が持っている山[8]の下草刈りなどの作業を行い，いくらかの収入を得ていた．しかし，雨が降ると農作業や下草刈りができないため，集団で電車に乗って久慈市内に買い物に行くような生活をしていた．B氏は，生活改良普及員として普代村の農家女性達に，もっと「はつらつ」とした生き方をしてほしいと期待した．普代村は半農半漁であることから，昆布やホタテなどの収穫もあるが，昆布やワカメなどを背負って商売する時代ではなかった．そこで，染物に興味があったB氏は農家女性に染物の指導を行った．
②具体的指導内容と成果
　「鉄山染め」はまず染めの体験をすることから始まった．農家女性達を雫石までバスで連れて行き，染めの体験をさせた．普代村にもどり公民館で染めを行うが，公民館にまだガスが無く，農家女性達はガスの扱いに慣れてなかったため「ガスボンベ爆発せば危ね」と怖がった．しかし，B氏は「先ずやってみろ」と

いって指導を進めた．10キロのガスボンベを農協から借りて，生地はB氏が卸し屋で安く購入し，デザインはB氏の知り合いに依頼した．「鉄山染め」によって，ハンカチ，ポシェット，テーブルクロスなどを作成した．「鉄山染め」の作品は商品価値を生み出したことから，町役場が非常に喜んで，町の特産品として産業課長が販売を担当することになった．そして，「鉄山染め」が全国で入賞した[9]ことから，町役場の補助により染物専用の加工施設を設立した．

　農家女性たちは「鉄山染め」を始めてからいきいきし，それが「すごく楽しい」と言うようになった．B氏は，農家女性が「自分たちの力で自分たちの暮らしと村を変えて行くパワーを与えた」と振り返る．

表4-2　生活研究グループ活動に参加する女性の特徴

小分類	中分類
①誇り	自己肯定感
②自信	
③自発性	積極性
④向学心	
⑤探究心	
⑥創作意欲	
⑦経済的自立	経済力
⑧共感と受容	人とのつながり
⑨仲間の人間性の発見	
⑩情報量増大	技術力
⑪技術力の向上	
⑫話し合う機会が増える	
⑬楽しみ	活力
⑭いきいきする	
⑮リーダーシップ	統合力
⑯企画力の向上	
⑰嫁・女性の地位向上	社会的評価
⑱議員就任	

4-5) 生活改良普及員からみた農家女性
—生活研究グループ活動に参加する女性—

　生活改良普及員5名の聞き取りから，生活研究グループ活動後の農家女性の変化と思われる内容について抽出した結果，表4-2のような結果が得られた．

　農家女性の特色を説明したと思われる文脈を抽出した．抽出された項目は18（①〜⑱）であり，さらに類似性により分類した結果（中分類），「自己肯定感」「積極性」「経済力」「人とのつながり」「技術力」「活力」「統合力」「社会的評価」の8つの内容が農家女性の変化の兆しとして確認された[10]．

注
1) 「農家生活に関する調査研究報告第1報」として東北農業試験場が1953に報告している．
2) 丸岡秀子が1953年に岩波書店より『女の一生』を発行した．執筆にあたり全国の農村の男女130人に手紙を出し，特に農村の「嫁」の立場について書くように依頼した．90人から返事が来た中で，佐賀県の青年が「嫁は，ツノのない牛でしかない」といっていたことから，丸岡秀子は戦前と変わらない重労働を背負う農家の嫁の立場について『女の一生』の中で「ツノのない牛」と表現した．
3) おしどりとは，夫婦など男女がむつまじく，いつも一緒にいること．そういう男女のたとえのことである．
4) 「生産，生活を変えた組織」『野に咲く千草』，桑原イト子著より引用（1989：23-24）
5) 一斗とは「18リットル缶」のことである．米の重さにすると約30kg．1955年代ころの政府売渡し玄米一俵が3,700円であったことから，嫁の貯金額はその半額程度である．当時「家の光」が一カ月60円であった．
6) 記事活用文とは，「家の光」に掲載されている優秀事例を参考に自分のグループに応用して実施したことを作文にして投稿すること．
7) 家計簿コンクールは岩手県生活改善グループ連絡協議会が1974年より共同研究・共同学習として合理的家計運営を目標に，①一人1費目1カ月記帳　②記帳をもとにした生活の現状分析　③将来の生活設計をたてる　④家計簿記帳事例集の作成　⑤家計簿記帳体験談への応募を企画した．岩手県では家計簿コンクールに毎年25-30点の応募がありその中から優秀作品を全国コンクールに応募していた．岩手県で全国初の最優秀賞受賞者は工藤勝子氏で現岩手県議会議員である．
8) 地主が持っている山とは，普代村の山持ち農家で3,000町歩余（3,000ha）で生計を立てている農家のことである．山林の手入れ，下草刈り，伐採などは全て雇用労働者が行う．この地域ではこのような農家を「山持ち」という．
9) 江戸時代，普代村萩牛の里には盛岡藩直営の割沢鉄山があり，鉄山で働く人夫は一日の疲れを沢水を利用した風呂で落としていた．その風呂で使う手ぬぐいが独特の色に染まることから，鉄独特の反応による鈍い色味は，虫除けにも効果があるとしてその染めは珍重された．生活改良普及員B氏はこの独特の色に染まる特徴にヒントを得て，下閉伊郡普代村の農家女性に働きかけて「萩牛生活研究グループ」を立ち上げた．鉄山から流れる沢水，鉄を含んだ泥を染料とした鉄山染（てつざんぞめ）を現代に復活させたのが萩牛生活研究グループの方々である．現在も鉄山染めの製品は普代村の特産品として販売されている．なお，「鉄山染」の受賞歴は以下のとおりである．

1991年（平成3）岩手県農業祭農村人民芸品づくり部門　奨励賞
1992年（平成4）東北むらおこし特産品コンクール　奨励賞
1996年（平成8）全国推奨観光審査会　日本観光協会長賞
1999年（平成11）全国商工会連合会　会長賞
2004年（平成16）農村漁村いきいきシニア活動　林野庁長官賞
（http://www.vill.fudai.iwate.jp/kankou/tokusanhin/tokusan-hito, 2013.10.18閲覧）

10）18コード以外に「生活研究グループメンバーの中に長い間介護を受ける人は少ない」という内容があったが，このコードは生活改良普及員の主観的な意見ととらえ今回のデータから除外した．

第5章　戦後の農家女性

第1節　農家女性に関する先行研究

　農村社会学の研究領域では，その分析の単位はイエとムラが長らく中心的な位置を占めてきたが，1980年代後半からその視点に大きな変化が見られた．日本の村落研究を担ってきた主要な学会の一つが日本村落研究学会であるが，1989年（平成元）の日本村落研究学会37回大会において，新たな研究枠組みが提示された．その枠組みとは，個人への着目や研究対象の広がり（食・農業・生活・消費者・農業観や人生観・文明論や現代社会批判など）であった．そしてそれは，村落研究におけるフェミニズム・パースペクティブの導入と，それに基づく農村女性研究の広がりともつながるものとなった．さらには社会的ネットワーク分析も注目され，これに関する研究も蓄積されていった．そうして，1994年（平成6）の日本村落研究学会42回大会におけるテーマセッション「農業と女性―労働と意識の変化をめぐって―」と，その成果をまとめた『年報　村落社会研究』第31集により，新たな枠組みとして提示された個人や農村女性への視点が顕在化することとなった（靏 2007：8-9）．一方，農村女性研究が増加した背景の1つには1992年（平成4）に農林水産省の諮問機関である「農山漁村の女性に関する中長期ビジョン懇談会」による「2001年に向けて－新しい農山漁村の女性」の発表があることも見逃してはならない．

　戦前においてもすでに丸岡秀子によって，農村女性の過重な農業労働や家事労働の実態について報告されている（丸岡 1980）．しかし，本研究は戦後の生活改善普及事業にかかわっている農家女性を対象にしており，分析の視点を個々の女性の生きがいに着目していることから，ここでは新たな研究の枠組みが提示された1990年以降の研究論文を対象に見て行くこととする．

　はじめに，日本村落研究学会42回大会，テーマセッション「農業と女性―労働と意識の変化をめぐって―」をまとめた『年報　村落社会研究』第31集から，中道仁美の論を見ることにする．

　中道は「農村女性研究は研究そのものが少なかっただけでなく，農業研究としての女性研究であったし，同様に初期の女性研究は，労働研究を中心とした産業

研究の中の女性研究であった.」と述べている（中道 1995：138）. そして, 当時の代表的農村女性問題研究者たちにより取り上げられた農村女性問題は, あらゆる面で現在の農村女性問題の原点であり, 当時の農村女性問題研究者に重要視された問題を1. 労働過重の問題, 2. 経済的問題, 3. 母性保護の問題, 4. 教育の問題, 5. 文化的問題, 6. 参政権の6つにまとめている（中道 1995：138-139）.

1999年（平成11）に農家女性にとって極めて関係の深い基本法が2つ成立した. それは男女共同参画基本法と食料・農業・農村基本法である. 農林水産省では, この2つの基本法を受けて「農山漁村男女共同参画推進指針」を発表し, 農村における女性の地位向上への取り組み方向を明らかにした（岩崎・宮城 2001：210）. とくに岩崎由美子は, 女性起業に視点をあて農村における女性起業の役割と特性について, 農村の女性の主体性を発揮する場の1つとして, 非常に有効なものであるとまとめている（岩崎 1995：210）.

次に, 原（福与）珠里の論であるが, 原（福与）は1990年代以降の研究を大まかにまとめ, 家族の中の女性をいかに個人として認めることができるのかという研究的な流れに位置づけた. そしてそれらを1. 農業経営内の女性の役割と地位, 2. 女性農業従事者にかかわる法制度上の問題点, 3. 家族経営協定の実態や課題, 4. 農村生活研究, 5. 家族の中での個人化, 6. ライフコース, 7. フェミニズムの視点からそれぞれ報告している（原（福与）2009：4-5）.

前述の原（福与）が, 1990年代以降の研究に限定してまとめたなかに, フェミニズムの視点が含まれているが, このフェミニズムの視点を分析の単位として取り入れたのが靏理恵子である. 靏は個人への着目とフェミニズムの視点という2つの基本視覚を明示した上で, 農家女性に関する社会的地位の変遷過程を捉えることをとおして, それが農村社会の再編や現代日本の社会変革とどのような関連をもちつつ現在に至っているのかを, 明らかにした（靏 2007：7-9）.

最後にジェンダーの視点から秋津らが『農村ジェンダー —女性と地域への新しいまなざし—』として, 従来は男性中心的であった地域社会に対して, 農山漁村の女性活動がどのような影響を与えているのか明らかにすることを目的に, 論を展開している（秋津・藤井・澁谷・大石・柏尾 2007）. 同じくジェンダーの視点から, 渡辺めぐみが家族農業経営において農業に専従する女性に焦点をあて, 性別役割分業が, ジェンダーのイメージから「作られている」ことを実証し, 性別役割分業が形成される過程を体系的に解明した（渡辺 2009）.

第2節　農業に従事する農家女性

　本書の第2章において，わが国の農業は昔からその半分を女性が支えており1960年から2000年までの40年間における農家人口に占める女性の割合が，わずかに3ポイントの減少に留まっていることを確認した．また，農家の兼業化により世帯の中心男性と息子が農外就労に出て，農繁期や週末に農作業を行うという就労形態となり，世帯の中心男性が担っていた農作業は高齢者と女性がそれぞれに分担することとなった．このことにより，長いこと「見えない存在」で，指示に従って作業をする補助者の立場であった農家女性は，主体的に行動することを要求され自己決定する立場となった経過について論じた．

　本節では，農業に従事する農家女性の現状を把握する視点として，女性基幹的農業従事者数の推移と女性認定農業者の推移，農業委員会への女性の参画状況の推移および家族経営協定の実態から農業に従事する農家女性の変化についてみることとする．

1．女性基幹的農業従事者

　わが国の農業は高齢者と女性が農業を担うことになった経緯については既に述べたとおりであるが，基幹的農業従事者とは，農業に主として従事した世帯員のうち，調査期日前1年間のふだんの主な状態が「仕事に従事していた者」と定義

表 5-1　女性基幹的農業従事者数の推移

単位：千人　%

年 従事者数	1960年 (昭和35)	1970年 (昭和45)	1980年 (昭和55)	1990年 (平成2)	2000年 (平成12)	2010年 (平成22)
基幹的農業従事者数	11,750	7,109	4,128	3,127	2,400	2,051
うち女性	6,235	3,857	2,092	1,505	1,140	903
女性の割合	53.1%	54.3%	50.7%	48.1%	47.5%	44.0%

資料：農林水産省「農林業センサス」，「農業構造動態調査」
注：1)　「農業就業人口」とは，16歳以上の世帯員（平成7年以降は15歳以上の世帯員）で，自営農業だけに従事した者と，自営農業とその他の仕事の両方に従事した者のうち農業が主である者の合計をいう．
　　2)　「基幹的農業従事者」とは，農業就業人口のうち，普段の就業形態が「仕事が主」である世帯員をいう．
　　3)　平成7年以降は販売農家の数値である．

されている．農業従事者の高齢化により基幹的農業従事者に占める高齢者の割合も高くなっているが，ここでは女性の基幹的農業従事者の変化についてみる．表5-1は，1960年（昭和35）から2010年（平成22）までの女性基幹的農業従事者数の推移を示したものである．1960年の女性基幹的農業従事者の割合は53.1％，1970年は1.2ポイントの上昇が見られたが，それ以降暫時減少しており1980年は基幹的農業従事者数の約半数を占め50.7％，1990年は半数を割り48.1％，2000年は47.5％，2010年は44％となっている．1960年から2010年までの50年間における女性基幹的農業従事者数の推移は，ゆるやかに減少はしているものの，その割合は一貫して約半数を維持している．

2．女性認定農業者・女性農業委員

　1999年（平成11）の男女共同参画基本法により，農林水産省が「農山漁村男女共同参画推進指針」を示し，農村における女性の地位向上への取り組みがされた．推進指針の基本的考え方は，男女共同参画社会基本法，食料・農業・農村基本法（第26条）を踏まえ，農業労働力の6割を占める女性の位置付けの明確化と参画の促進を促し，男女を問わず互いにその能力と役割を認めあう農山漁村における男女共同参画社会の形成である．その中で女性の参画促進に向けた取組として以下の項目を挙げている．
(1) 女性の認定農業者の拡大
(2) 集落営農の育成に向けた女性への働きかけの推進
(3) 家族経営協定の推進
(4) 地域段階における女性の社会・経営参画目標の設定
　さらに，女性農業委員について自らの経験等に基づく女性農業者ならではの視点を活かし，相続をはじめとする農地に関する諸問題に直面している女性農業者に対するきめ細やかな相談や各種の情報提供を行うとともに，都市と農村との交流といった視点を取り入れた遊休農地対策，食育の推進等について重要な役割を担うなど，地域の活性化に大きく貢献し，農村にとって必要不可欠な存在であると明記している（農林水産省）．
　ここでは女性認定農業者と女性農業委員について述べる．まず認定農業者であるが，認定農業者制度とは農業者が農業経営基盤強化促進基本構想に示された農業経営の目標に向けて，自らの創意工夫に基づき，経営の改善を進めようとする計画を市町村が認定し，これらの認定を受けた農業者に対して重点的に支援措置

表5-2　女性認定農業者の推移

単位：人　％

年 認定者数	1997年 （平成9）	2000年 （平成12）	2005年 （平成17）	2010年 （平成22）
認定農業者数	98,232	145,057	191,633	208,184
うち女性	1,275	2,539	3,685	5,459
女性の割合	1.3%	1.8%	2.2%	2.6%

資料：農林水産省

表5-3　農業委員会への女性の参画状況の推移

単位：人　％

年 委員数	1980年 （昭和55）	1985年 （昭和60）	1990年 （平成2）	1995年 （平成7）	2000年 （平成12）	2005年 （平成17）	2010年 （平成22）
農業委員数	65,940	64,080	62,524	60,917	59,254	45,379	36,330
うち女性	41	40	93	203	1,081	1,879	1,792
女性の割合	0.1%	0.1%	0.2%	0.3%	1.8%	4.1%	4.9%

資料：経営局構造改善課調べ．
注：農業委員：各年8月1日現在．ただし，平成2年以降は10月1日現在．

を講じようとするものである（農林水産省）．認定農業者は男性のみ，女性のみおよび協同申請と3分類あるが，ここでは女性のみの申請数をみることにしたい．表5-2は，女性認定農業者の推移を示したものである．1997年が1275人で全体の1.3%であり，その後5年ごとの集計を見ると，0.4～0.5ポイントの増加がみられるがその割合は依然として低い水準にある．

次に，表5-3は女性の農業委員数を表したものである．1980年における女性の農業委員数は41人でその割合は全体のわずか0.1%であった．その10年後の1990年は2倍以上に増加し93人，割合は全体の0.2%であった．さらに，その10年後の2000年では1,081人と10年間に10倍以上の増加となり，全体の1.8%となっている．そして，2010年は1,792人で割合は4.9%と増加傾向にある．

3．家族経営協定

家族経営協定という用語は，1993年（平成5）に全国農業会議所と全国農業就業機会拡大総合推進協議会が，21世紀に向けた家族農業経営の発展方策を見

出すために取りまとめた『「家族経営協定」の推進と魅力ある農業経営の確立にむけて，農業の担い手と経営継承に関する専門委員会検討結果報告書』のなかで，はじめて公に用いられた（青柳 2004：58）．しかし，家族経営協定の原型は1960年代の，農業後継者対策として導入された「父子契約」に見ることができる．この時の協定の対象者は経営主と後継者が中心であり，経営主と配偶者・娘による締結が存在しなかったことは言うまでもない．しかし，文頭で述べたように1993年の報告により，家族経営協定の目的に女性や後継者の地位と役割が明確化されたことにより，経営者と農家女性との締結が行われるようになった．現在では経営者とその配偶者間の協定が半数を占めており，さらには経営者とその配偶者に加え，経営者の父母や後継者，後継者の配偶者等の世帯員を含んだものとなっている（表5-4）．

また，家族経営協定の締結内容について表5-5に示したが，2006年の経営協定内容の上位をみると1位が「農業経営の方針決定」で85.8%，2位が「労働時間・休日」で84.3%，3位が「農業面の役割分担（作業分担，簿記記帳等）」で73.4%，4位が「労働報酬（日給・月給）」69.4%となっている．家族経営協定については，締結に肯定的な農家（29.9%）より否定的な農家（42.4%）の方が多く，協定をよく知らない，特に考えがないといった農家（25.5%）も少なくない（表5-6）．家族経営協定については，表5-7に示したように地域差も大き

表5-4　家族経営協定の取り決め範囲

単位：%

1	父・母－経営主－配偶者－息子・娘－息子・娘の配偶者	0.6
2	父・母－経営主－配偶者－息子・娘	1.4
3	父・母－経営主－配偶者	10.6
4	父・母－経営主－息子・娘	0.8
5	経営主－配偶者－息子・娘－息子・娘の配偶者	10.3
6	経営主－配偶者－息子・娘	16.1
7	経営主－配偶者	50.4
8	経営主－息子・娘	6.1
9	その他	3.8

出典：農林水産省「家族経営協定に関する実態調査」（平成18年調査結果より抜粋）

表 5-5　家族経営協定の締結内容

取り決めの内容	割合（％）		
	2004 年	2005 年	2006 年
農業経営の方針決定	84.9	85.9	85.8
労働時間・休日	86.2	83.3	84.3
農業面の役割分担（作業分担，簿記記帳等）	74.9	74.9	73.4
労働報酬（日給・月給）	72.5	72.0	69.4
収益の配分（日給・月給以外の利益の分配）	45.0	45.3	46.3
生活面の役割分担（家事・交際）	41.7	41.5	42.8
経営移譲（継承を含む）	42.8	41.2	40.9
労働衛生・健康管理	31.4	33.3	34.2
農業面の部門分担（加工，販売等の関連事業も含む）	21.6	21.5	22.5
社会・地域活動への参加	18.3	18.9	20.6
移譲者（老後）の扶養（居住・生活・介護等）	15.3	16.2	15.0
育児の役割分担	5.5	6.1	7.5
資産の相続	7.6	6.9	7.2
その他	35.5	38.4	38.9

資料：農林水産省「家族経営協定に関する実態調査」
　　　2004 年・2005 年・2006 年の調査結果より抜粋

表 5-6　家族経営協定に関する意識

単位：％

意識内容／男女割合	締結するべきである		締結は必要ない		家族経営協定についてよく知らないので分からない	その他	特に考えはない	無回答
	家族経営協定は積極的に締結するべき	克服すべき課題はあるかもしれないが，家族経営協定は締結するべき	課題を克服してまで，家族経営協定の締結は必要ない	家族間で話し合いをすればよいので，家族経営協定の締結は必要ない				
女	10.8	18.1	4.0	34.7	20.4	0.6	9.0	2.3
男	10.1	20.7	4.9	41.0	14.2	0.5	7.3	1.2
男女計	10.5	19.4	4.5	37.9	17.3	0.5	8.2	1.8

資料：農林水産省「農家における男女共同参画に関する意向調査」（17 年 3 月公表）
　注：全国の女性農業者と配偶者 3,000 名ずつを対象として実施（回収率はそれぞれ 50.3％，50.0％）

表5-7 主業農家戸数に対する家族経営協定締結割合（平成8～17年）

単位：％

年＼地域	北海道	東北	北陸	関東・東山	東海	近畿	中国・四国	九州・沖縄
1996年	6.16	0.09	0.15	0.84	0.04	0.13	0.13	0.36
2001年	7.07	1.62	3.99	3.84	1.10	3.12	1.77	5.23
2005年	11.05	3.65	6.77	9.43	2.52	6.11	5.06	10.85

資料：農林水産省「農林業センサス」，「農業構造動態調査」，農林水産省調べ．
注：関東・東山には山梨県，長野県を含む．
※ 「主業農家」とは，農業所得が主で，調査期日前1年間に自営農業に60日以上従事している65歳未満の世帯員がいる農家をいう．（詳細は第2章注1参照）
http://www.maff.go.jp/j/tokei/census/afc/2000/dictionary_n.html 2015.11.15

く，地域別の締結割合をみると，2005年統計で締結割合が高いのは北海道11.05％，次に九州・沖縄が10.85％，少ない地域では東海2.52％，東北3.65％と地域によってかなり開きがある．青柳は，「協定締結の契機として最も多かったのは，農業改良普及センターや農業振興事務所などの『関係機関の勧め，指導』である」と述べている．さらに，関係機関の勧めや指導のみが協定締結の契機となったケースは少なく，農家内部にそれを必要とする「後継者の就農」という基盤が作られていた（青柳2004：77）．本節では，家族経営協定締結割合の地域差の理由について詳細な分析までには至っていないが，少なくとも協定締結の背景には，農業改良普及センターや農業振興事務所などの関係機関による指導が影響していると考えられる．

4．給与や報酬

前項の家族経営協定内容に「労働報酬（日給・月給）」について締結している者が約7割であると報告したが，ここでは農作業に従事する女性の，給与や報酬についてみてみたい．表5-8は農作業に従事する女性のなかで，給与や報酬を受け取っている者の割合を示している．全国の平均値をみると「決まった額を受け取っている」，「額は決まっていないが受け取っている」を合わせて49.6％であることから，約半数が給与や報酬を受け取っていることが分かる．また，単一経営をみると，受け取っている割合が高い順に「酪農」68.5％，「肉用牛」63.2％，「施設野菜」58.4％，「工芸農作物」57.7％となっている．一方，給与や報酬を「受け取っていない」経営では「稲作」が70.1％で他の経営に比較して突出して高い割合である．地域別でも差が見られており，「受け取っている」地域で

表 5-8　農作業に従事する女性のうち給与・報酬を受け取っている者の割合
単位：％

	計	決まった額を受け取っている				額は決まっていない				特に受け取っていない	無回答
		毎月	年数回	年1回	その他	毎月	年数回	年1回	その他		
全　　国	100.0	31.8	1.5	1.2	0.8	3.2	5.6	1.2	4.3	50.2	0.2
単一経営計	100.0	32.6	1.8	1.0	0.8	3.1	5.4	1.3	4.1	49.5	0.3
うち, 稲作	100.0	13.5	0.9	0.6	0.4	0.8	5.2	2.8	5.7	70.1	—
工芸農作物	100.0	34.6	4.1	1.8	—	4.3	6.0	3.1	3.8	42.3	—
露地野菜	100.0	29.9	2.1	1.9	3.0	5.3	7.8	0.7	3.4	45.9	—
施設野菜	100.0	42.4	1.9	—	0.5	4.1	3.1	0.9	5.5	41.6	—
果樹類	100.0	30.4	0.9	1.8	0.8	1.8	5.7	0.4	2.7	54.1	1.4
花き・花木	100.0	39.7	4.1	—	0.3	3.1	4.5	0.2	4.0	44.0	—
その他の作物	100.0	41.1	5.7	5.8	0.5	2.8	3.3	—	13.6	27.2	—
酪　　農	100.0	56.8	—	0.3	—	5.7	3.5	1.5	0.7	31.5	—
肉用牛	100.0	32.7	3.3	—	0.4	4.6	17.8	—	4.3	36.8	—
準単一複合経営	100.0	28.5	0.7	1.7	0.5	2.9	6.0	1.2	5.0	53.2	0.2
複合経営	100.0	36.3	1.1	0.7	1.2	4.4	5.6	0.5	4.0	46.1	—
北海道	100.0	49.1	0.3	—	0.3	3.3	3.7	3.0	3.6	36.7	—
都府県	100.0	30.1	1.6	1.3	0.8	3.2	5.8	1.0	4.4	51.5	0.3
東北	100.0	14.3	1.5	0.9	0.4	3.0	7.3	1.6	5.6	64.1	1.4
北陸	100.0	24.0	1.2	1.0	0.9	3.4	5.9	2.0	7.1	54.5	—
関東・東山	100.0	35.3	2.5	1.7	1.8	2.6	5.7	0.3	4.0	46.1	—
東海	100.0	46.4	1.0	1.8	0.8	3.7	5.4	0.7	3.0	37.1	—
近畿	100.0	28.4	0.3	0.8	1.0	2.7	3.7	1.0	2.9	59.3	—
中国	100.0	25.4	0.2	0.7	0.6	1.3	4.3	1.5	3.2	62.8	—
四国	100.0	21.8	0.7	0.8	0.8	4.2	4.1	0.6	3.1	64.0	—
九州	100.0	36.1	2.0	1.5	0.2	4.2	6.3	1.0	4.8	44.0	—

資料：農林水産省「農業構造動態調査地域就業等構造調査―女性の就業構造・経営参画状況調査―」
（平成15年10月公表）

もっとも高いのが「北海道」で63.3％，「東海」が62.9％，「九州」56.0％が上位にあげられ，逆に低い地域は「東北」35.9％，「四国」36.0％，「中国」37.2％，「近畿」40.7％となっている．東西に分けてみると「受け取っていない」地方は「東北」を除けば西に多くみられる．

第3節　農家女性の労働の変化

　戦後の高度経済成長は，わが国の農業経営に急速な変化をもたらした．特に大型機械の導入は，労働生産性を急上昇させ農家内部に余剰労働を析出した．また，化学肥料・農薬と機械でおこなわれる近代的農業は，農家にとってより多くの現金収入を必要とし，大多数の農家の成員は農業以外の職場で働き，農外労働によって得られる収入が，農業経営と生活を支える不可欠のものとなった．農業経営における機械化は農家女性の労働にも大きな影響を及ぼすこととなった．ここでは，戦後の農家女性の労働時間，労働の内容についてみる．

　1954年（昭和29）に労働省婦人少年局が「主人と主婦の生活時間」について調査した結果，三富村の主婦の一例をあげ説明している．夫が農作業11時間，妻が9時間でこれに加えて家事労働5時間が加わっている．この家事労働の内容は炊事，洗濯，縫物，掃除，育児となっており，総時間を比較すると夫に比べ妻の労働時間は3時間多かった（労働省婦人少年局 1956：15）．

　次に，熊谷苑子が岡山県新池集落において生活時間調査を行った結果についてみることとする．調査は1957年（昭和32）と1987年（昭和62）に実施している．まず，1日の生活時間について熊谷は詳細な調査を実施しているが，ここでは高度経済成長期による大型機械導入前と導入後の労働時間の差をみることを目的に熊谷の調査結果について表5-9のようにまとめた．大まかにみると，1次活動と2次活動において30年の間に約1時間弱の減少がみられる．また，3次活動においては1時間31分の増加となっている．熊谷の調査では年齢層ごとの分

表5-9　農家女性の生活時間の変化

	1957年　一日平均時間	1987年　一日平均時間	増減
1次活動	10.37時間	9.84時間	−0.53時間
2次活動	7.15時間	6.70時間	−0.45時間
3次活動	6.15時間	7.46時間	+1.31時間

熊谷苑子1991「農業機械化と農家婦人生活の変化―生活時間事例調査をつうじて―」清泉女子大学紀要(39) 121頁，表7をもとに作成した．活動分類は総務省統計局による『社会生活基本調査』の1次活動，2次活動，3次活動の大分類を用いて調査を実施している．
1次活動とは，睡眠，食事，身の回りの用事などの基本的な生活行動．2次活動とは，農作業，他家の農作業の手伝い，農外就労，家事・育児で仕事をさす．3次活動とは，1次活動2次活動以外の活動で余暇活動が含まれる．

析も行っており，機械化以降20代女性の農作業時間は仕事時間の0.8%，家事・育児25%を占め，農外就労時間は7.11時間となっている．30代でも農外就労が顕著であり，農作業時間が減少した．しかし，40代以上の農家女性特に50代・60代の農作業時間は機械化以前の同年代の人々より長くなっていた．この結果より機械化以降の農家女性の仕事時間を3つの型に分化しているとまとめ，老年層は農作業，中年層は農作業，農外就労，家事・育児，若年層は農外就労としている（熊谷1991：124）．

さらに，天野寛子も1997年～1998年（平成9～10）にかけて三重県，茨城県，長野県において生活改善グループ活動を積極的に行っている女性農業者とその夫を対象に生活時間調査を行っている（天野 2001：289）．その結果を表5-10のようにまとめた．

農業従事日の労働時間（農業労働時間＋家事労働時間）は，妻は夫より1時間50分長く，その内訳は農業労働時間が夫8時間50分，妻が6時間40分，家事労働時間は妻が4時間26分，夫が20分で農作業と家事労働の合計は夫が9時間10分，妻が11時間である．農休日は農業労働時間が妻1時間25分，夫が1時間47分，家事労働時間は妻が6時間32分，夫が1時間23分で，農作業と家事労働の合計は妻7時間57分，夫が3時間10分である．妻の家事労働時間が夫に比較し4時間47分多い結果であった．以上から農家女性は労働時間が長く，休日にも休めない状態であることがわかる．また，社会的文化的生活時間は，農業

表5-10　夫婦の労働時間の比較

農業従事日の労働時間（農業労働時間＋家事労働時間）		
農業労働時間	家事労働時間	合計労働時間

	農業労働時間	家事労働時間	合計労働時間
妻	6時間40分	4時間26分	11時間 6分
夫	8時間50分	20分	9時間10分

休日の労働時間		
農業労働時間	家事労働時間	合計労働時間

	農業労働時間	家事労働時間	合計労働時間
妻	1時間25分	6時間32分	7時間57分
夫	1時間47分	1時間23分	3時間10分

天野寛子，2001，『戦後日本の女性農業者の地位―男女平等の生活文化の創造へ―』ドメス出版，289頁より引用．

従事日には夫婦ともに短く，妻は農休日にリフレッシュできる状態ではないという考察をしている．しかし，天野の分析からは熊谷が明らかにしたような農家女性の年齢層ごとの労働の特徴を見出すことはできない．

第4節　農家女性の社会的地位

丸岡秀子は1937年に『日本農村婦人問題』を発表しているが，執筆にあたり特に強調したことは農村婦人が「女性」の持つ苦難多い社会的地位を集中的に表現したと述べている（丸岡1980：11）．この発表からすでに75年が経過した今日，農家女性の社会的地位は変化したのであろうか．一般的に「社会的地位を概念規定する場合，富・威信・権力・知識などを決める社会資源の所有の大小やそれへの接近可能性の差を重視する考えと，役割関係や心理的関係などの社会関係上の位置を重視する考えとがある（鈴木2000：642）．」と定義されている．ここでは社会資源としての経済力と，農家女性の社会参画の指標としてどの程度意思決定の場に参加しているのか社会関係上の位置について見ていきたい．

1．社会参画の推移

一般に「社会参画」という場合，フォーマルな組織における参加を含めさまざまな社会的な場において男女が平等・対等に参画していることをさす（澁谷2007：43）が，本節ではフォーマルな役職の就任に限定して論を進めることにしたい．

澁谷は，農家の嫁が「ツノのない牛」[1]と形容された時代から徐々に社会参画ができ声を上げ始めたと述べているが，その根拠は，農林水産省の統計による女性農業委員割合と女性農業協同組合（以下農協）役員割合の増加によるものである．表5-11は，1980年から2010年までの全国の農業委員と農協組合役員における女性農業者の参画状況を示している．女性農業委員数は1980年が41人で，全農業委員数に占める女性農業者の割合は0.06％であり，2010年のそれは1792人4.9％と，確実に増加していることが確認された．一方，農協組合役員数も1980年が29人で全役員数に占める割合が0.04％，2010年は741人3.9％であり女性農業委員と同様に増加している．鸖が，「妻が社会的に様々な活動を行うことについて，夫の理解が深く協力を惜しまないこと．夫は妻の嫁としての苦労をよく理解し，慰めつつ，妻の社会活動に大きな意義を見出し，それを支援している（鸖2007：89）．」と述べているように，女性の農業委員など役職を担うよう

第4節　農家女性の社会的地位

表5-11　農業委員会、農業協同組合における女性の参画状況

単位：人　%

項目	年	1980年	1985年	1990年	1995年	2000年	2005年	2010年
農業委員数		65,940	64,080	62,524	60,917	59,254	45,379	36,330
	うち女性	41	40	93	203	1,081	1869	1792
	女性の割合	0.06%	0.06%	0.15%	0.33%	1.82%	4.10%	4.90%
農協個人正組合員数		5,635,000	5,535,903	5,537,547	5,432,260	5,240,785	4,988,029	4,707,348
	うち女性	497,000	574,353	667,468	707,117	746,719	804,583	890,718
	女性の割合	8.82%	10.38%	12.05%	13.02%	14.25%	16.10%	18.90%
農協役員数		81,059	77,490	68,611	50,735	32,003	22,799	19,161
	うち女性	29	39	70	102	187	438	741
	女性の割合	0.04%	0.05%	0.10%	0.20%	0.58%	1.90%	3.90%

資料：経営局構造改善課　協同組織課、水産庁水産経営課調べ
注：農業委員：各年8月1日現在、ただし、平成2年以降は10月1日現在
　　農協：「総合農協統計表」各事業年度末（農協により4月末～3月末）現在
http://www.maff.go.jp/j/keiei/kourei/danzyo/d_cyosa/woman_data2.html　2013.8.27
www.maff.go.jp/j/tokei/pdf/hyo_0c.pdf　2014.9.20

になるためには，夫や家族の理解が重要であるといえる．

2．経済力の意義

　先の第2章第2節において戦後の農家女性の価値観に触れ，1950年代では生理用品の40円さえ工面できない嫁の辛さを確認した．それから40年後には家族経営協定書により農家女性も給与や報酬を受け取れるシステムが成立した．それでも2003年，給与や報酬を受け取っている者の割合はようやく約半数に達するという状況であった．農家女性が経済力を持てない状況について，「家族員全体の労働の成果として，それなりの金銭的報酬は得られても，その報酬は家族全員で獲得したものであり，「家計＝家の財布」に入る．したがって，家族経営協定の形態でもとらない限り，個々人の労働に対する評価は不明瞭なままである（靍2007：17）」．このような実態は農家全般に言えることであり，農家女性は自分で自由にできる財力は全く無かったといって良い．しかし，農家女性が野菜の無人市や朝市，農産物直売所での農作物や加工品の販売をすれば，「個人の財布」を持つことができた．靍がこの結果をまとめ「無人市や朝市に参加している女性たち自身への影響は，一言でいえば『自己イメージの肯定的修正』ということである．その修正された自己イメージをもとに彼女たちが手にしたものは①労働における主体性，②『自分』という存在の発見と思考の広がり，③お金の自由→行動の自由→世界の広がりである（靍2007：36）」と述べている．

　また，第4章において筆者が実施した調査結果から，生活改良普及員からみた生活研究グループ活動に参加する農家女性の特徴について報告した．そのなかの1つに「経済力」があげられた．同時に「積極性」「人とのつながり」「統合力」「社会的評価」も明らかになった．これは，先の靍がまとめた「主体性」「思考の広がり」「世界の広がり」と類似している．したがって，農家女性が経済力を持つ意義は，主体性のある行動につながり，思考力を強化させ社会とのつながりを拡大させる要因と考えられる．第4章では生活改良普及員からみた生活研究グループ活動に参加する農家女性について分析したが，次章では農家女性からの聞き取りを分析することにより，農家女性のグループ活動が女性自身の生きがいをどのようにもたらすのか，農業経営と家族役割の変化を含めて考察・検証していきたい．

注
1) 第4章の注2)でも述べたが,農家の嫁の立場を最初に「ツノのない牛」と表現したのは丸岡秀子である.丸岡秀子が1953年に岩波書店より『女の一生』を発行した.本書をまとめるにあたり全国の農村の男女130人に手紙を出し,特に農村の「嫁」の立場について書くように依頼した.90人から返事が来た中で,佐賀県の青年が「嫁は,ツノのない牛でしかない」といっていたことから,丸岡秀子は戦前と変わらない重労働を背負う農家の嫁の立場について『女の一生』の中で「ツノのない牛」と表現した.

第6章　生活研究グループ活動と生きがい
　―岩手県Ｔ地区を事例として―

第1節　なぜＴ地区の事例なのか

　本書の序章で既に述べたように，筆者は淑徳大学大学院社会学研究科社会学専攻博士前期課程を修了したが，その時の論文は母子保健に関する内容であり，調査はテーマに関連する全国組織の自助グループへの協力を依頼した．協力が得られた会員の中に，岩手県Ｔ地区在住の女性がおり居住地に出向いたのが最初の出会いであった．Ｔ地区は中山間地域であり，案内された場所は築50年余の古い公民館であった．数日後に小正月行事を控えた厳寒の季節であるにもかかわらず，その公民館のなかでは，中高年の農家女性の方々が楽しそうに漬物加工の作業を行っていた．筆者は，特にその農家女性の中でも70歳～80歳代の方々が，生き生きと作業をしている様子が強烈な印象として残った．

　わが国の65歳以上人口は，2014年度過去最高の3,190万人となり，高齢化率も25.1％と過去最高である．高齢化率の上昇に伴い，介護保険制度における要介護認定者も増加し，団塊の世代（約800万人）が75歳以上となる2025年以降は，国民の医療や介護の需要が，さらに増加することが見込まれている（内閣府）．高齢者福祉政策は高度経済成長期と言われた1960年代から始まっているが，1960年代は「人生65年時代」であり，高齢者は「支えられる人」であった．高度経済成長は国民の生活や生活様式を激変させ，農村では農業機械の大型化，兼業化が進行し若年層ばかりでなく中年層の農外就労者が増加した．農業技術水準の革新は，労働組織として直系家族の範囲（それだけの成員数）を必要としなくなり，個別主義的な規範が浸透していくこととなった（熊谷1995）．さらに，家族関係の個人化が女性成員にとっては，従来の家族内の地位から相対的に独立した個人としての活動領域を確保することを可能にした（熊谷2000）．1960年代の高度な経済の変動は，家族成員の「個」の自律化を促進し，個々に応じた多様な生き方を可能にした．「人生90年時代」を迎えた現在，高齢者の健康や経済的状況は多様であり，高齢者自身の健康意識が高く，「支えられる人」から「社会を支える一員」であるという認識に変化している．岩手県Ｔ地区で出会っ

た 70 歳～80 歳代の農家女性たちの活動は，実際は多様な生き方の一例であったのだが，筆者はどちらかというと 60 年代以前の像にあてはめて彼女たちをみていたので，実際と筆者の像との乖離に強烈な印象を受けたのである．

T 地区のような中山間地域は，「日本の中でも条件の厳しい地域である．都市的地域は都市部に近く利便性も高く，平地地域は農業としての発展性が期待できるが，中山間地域は，傾斜地や山に囲まれた地域であり，利便性も低く農業としての耕作条件も厳しい（小峰 2012）．」と言われている．中山間地域については，1989 年の農政審報告『農業構造の改善・農村地域の活性化』により，農政の中山間地帯農業の実態認識が以下の 3 つにまとめられた．

① 「中山間地帯については，土地・自然条件，担い手の状況等から，総じて農業生産性が低位にある．」
② 「山間部等担い手不足地域においては，地域の活性化を図る観点からも，幅広い方策を通じて地域農業の担い手を確保することが必要である」
③ 「中山間地帯においては，土地条件などから土地利用型農業の大規模経営を育成することは相対的に困難である」（小田切 1995：12）

上記①～③により，中山間地域は土地の条件や担い手の不足などにより農業の生産性が低いことが確認された．「担い手の不足」に関しては本論文の第 2 章で「農業の担い手」の項で既に論じたが，中年層の男性が農外収入を求めて勤めに出ることになり，世帯の中心男性が担っていた農作業は，高齢者と女性がそれぞれに分担することとなったことを述べた．

では，高齢化が進み，土地や自然の条件が厳しい中山間地域に生活する高齢者の実態はどうであろうか．高齢者の日常生活について，富山県が次のような調査結果を報告している．日常生活における外出頻度は「ときどき外出」が 48.1%，「ほとんどしない」が 10.3% であり，約 6 割の高齢者があまり外出をしない現状が確認された（後藤 2010：67）．また新潟県十日町市の高齢者を対象にした調査では，寒冷地であることから雪対策の意見で「処理が大変」，「村の道に出るのが不便」という意見がある．さらに，集落機能・コミュニティの維持については「集落内のコミュニケーションが少なくなり，人間関係が悪くなった」，「誰も助けてくれない」などの意見も見られた（十日町市：26）．

富山県と十日町の報告は，中山間地域に生活する高齢者の実態を伺わせるもの

であり，外出をしない高齢者が多いこと，地域環境の特性から生活が困難であることや集落内のコミュニケーションが減少し人間関係にも影響していることが明らかになった．

　地域で生活する高齢者の実態を確認したが，社会全体における高齢者に対する認識はどうであろうか．内閣府が全国の20歳以上の成人を対象に実施した「年齢・加齢に対する考え方に関する意識調査」の結果，「『高齢者』『お年寄り』に，どのようなイメージを持っているか」の質問に対して，「心身がおとろえ，健康面での不安が大きい」との回答が72.3％と最も高い結果であった（内閣府：高齢者白書2004）．

　これらのデータは，地域で生活する高齢者は，厳しい生活環境にあり，集落の機能やコミュニティの弱体化によって人間関係が希薄になっていること，また全体社会の中での高齢者のイメージが，「衰え」や「健康問題」という認識であることを示すものである．

　前述したように，筆者がT地区生活研究グループのメンバーと出会った時の強烈な印象の理由は，「人生90年時代」を迎え，高齢者の健康や経済的状況は多様であるにもかかわらず，いまだに「衰え」や「健康問題」であったことによる．加えて筆者が母子保健に関する調査承諾の連絡を受け，調査日を小正月行事の時期に指定された時，T地区について想像したことは"数軒の農家が点在し，山道を歩いてようやく自宅にたどり着くような山間地域"であった．雪に閉ざされた山間地域の高齢者は，人間関係が希薄で自宅の炬燵で暖をとって1日を過ごすイメージを持ったからである．

　わが国の高齢者人口は年々増加し，65歳以上の高齢者人口は1950年には総人口の5％以下であったが，1970年に7％を超え1994年には14％と「高齢化社会」と称されるに至っている．国立社会保障・人口問題研究所が公表した「日本の将来推計人口」によると，2035年には高齢化率が上昇し続け33.4％となり3人に1人が高齢者となる（内閣府）．このような高齢化社会における課題は，要介護者の増加であり，介護施設や介護に関する労働力の不足が挙げられる．内閣府による2009年度の要介護者数の割合は，65歳以上で16.2％，75歳以上で29.4％を占めており，75歳以上になると要介護の認定を受ける人の割合が大きく上昇している．わが国の高齢化社会を医療や介護の視点からみると，疾病率や要介護者の増加を招き，この現状から医療費の増大や介護施設の不足・介護者のマンパワー不足が課題に挙げられる．

先に述べたように高齢者率の増加は今後も継続することが予測されている．このような超高齢化社会を迎えたなかで，いかにして疾病を予防し健康を維持していくのかということが国民一人一人に課せられている．本研究の動機は既に序章で述べているが，中山間地域で生き生きと活動を展開している中高年の農家女性との出会いである．そして本研究で明らかにしたいことは中山間地域という厳しい生活環境の中で暮らす農家女性が，どのような価値観のもとで活動しているのか，またこの活動は個々の女性の気持ちの面でどのような影響をもたらしているのか明らかにすることである．そしてその背景を探ることは，わが国の超高齢化社会における多様な生き方への事例として具体的な提言ができると考える．本章ではT地区の農家女性のグループ活動の事例をとりあげ分析する．

第2章では戦後日本の農業と農家について，第3章では生活改善普及事業と農家女性について岩手県の生活改良普及員からの聞き取りをもとに述べてきた．第5章においては，第1章で明らかにした本研究における生きがいの定義を軸として以下のように考察する．第2章で述べた戦後日本の農業経営と農家生活の変化がT地区にもあてはまるのか，さらに第3章の生活改良普及員からみた農家女性の特徴がT地区の農家女性にも共通した特徴として存在するのか，存在するとしたらどのような要因が影響しているのかグループ活動と生きがいについて考察を深めて行きたい．

第2節　T地区における農業経営と家族役割の変化（1955年，1975年，1995年，2010年時の農業経営と家族役割）

本節は，中山間地域の農家女性を対象とする特徴がある．第2章では岩手県における戦後の農業経営の変化，農家数，耕作面積，兼業化および機械化の実態について，さらに農家家族の構造的側面からみた世帯構成，機能面における農業の担い手，生活様式に及ぼした影響について概観した．その結果を要約すると，農業経営において大きな変化をもたらした要因は農業技術の変化，ことに田植機，コンバインなどの大型，高度技術の導入であった．そのことにより農家内部の余剰労働，大型機械導入による現金収入稼得の必要性を生じさせた．

次に，農家家族の構造的側面では家族構成において直系家族や核家族が減少し，単独世帯が増加した．また，世帯主が農外収入を求めて勤めに出ることになる兼業化が進んだ．その結果，農外就労に出ている中年層の男性やその後継ぎである息子は農繁期や週末に農作業を行うという就労形態に変化した．この変化に

より，世帯の中心男性が担っていた農作業を，それまで脇役であった高齢者と女性がそれぞれに分担することとなった．

農家生活では農業の機械化により生活に大きな変化がもたらされ，機械化以降農家の妻の位置にある女性以外の家族成員は，農作業を担ってはいるが農外就労に就くこととなった．一方，大型機械の導入は農作業時間の短縮だけではなく，農家女性は農外就労に出た世帯の中心男性に代わって，農業経営において主体的な行動が求められるようになったことや家族形態の縮小などにより，農家女性の規範にも変化をもたらした．さらに家族関係では，夫婦間の情緒的結びつきが一層重視され，世代間の営農・生活の分離が促され，今日の農家女性は，補助的立場から自分で考えて自分で決めるという主体的に行動する立場となり，自己実現を可能にし自分らしく生きる存在となっていた．

ここでは，第2章の結果を踏まえ1955年，1975年，1995年，2010年当時のT地区における農業経営と家族役割の変化についてみることとする．

1．調査の概要
1-1) T地区の概要

T地区は，岩手県のほぼ中央に位置するH市I町の中心地から南東に位置する中山間地域農村であり，集落戸数は60戸である[1]（図6-1）．農業の主な作目は水稲であり，他にリンゴと野菜が栽培され転作で大豆を栽培している．中山間地域のため大規模農業が困難である．H市I町の交通状況は，県内でも便に恵まれた地域で空港，東北新幹線，東北自動車道のインターチェンジなどの高速交通網へ自動車で20分圏内である．なお，後述するN村はI町の旧市区町村の1つであり，T地区を含む11の農業集落から構成されている．

1-2) 調査の手続き
(1) データ収集方法：調査票（表6-1-1，表6-1-2）を用いた面接調査
(2) 調査手続き：T地区全戸調査を計画し，生活研究グループの代表の女性を通

図6-1　岩手県全地図
引用：http://technocco.jp/n_map/0030iwate.html（29.11.1）

表6-1-1 農業経営の変化調査票①

項目	年代	1955年当時 (昭和30年)		1975年当時 (昭和50年)		1995年当時 (平成7年)		2010年(現在) (平成22年)	
世帯員		氏名	番号	氏名	番号	氏名	番号	氏名	番号
		1	氏名	①	氏名	ア	氏名	一	氏名
		2	氏名	②	氏名	イ	氏名	二	氏名
		3	氏名	③	氏名	ウ	氏名	三	氏名
		4	氏名	④	氏名	エ	氏名	四	氏名
		5	氏名	⑤	氏名	オ	氏名	五	氏名
		6	氏名	⑥	氏名	カ	氏名	六	氏名
		7	氏名	⑦	氏名	キ	氏名	七	氏名
		8	氏名	⑧	氏名	ク	氏名	八	氏名
		9	氏名	⑨	氏名	ケ	氏名	九	氏名
		10	氏名	⑩	氏名	コ	氏名	十	氏名
a 農業従事者 b 基幹的農業従事者 c 農業的就業者 　農業従事者		番号	氏名	番号	氏名	番号	氏名	番号	氏名
			氏名		氏名		氏名		氏名
			氏名		氏名		氏名		氏名
			氏名		氏名		氏名		氏名
			氏名		氏名		氏名		氏名
			氏名		氏名		氏名		氏名
農作物の種類		水稲		水稲		水稲		水稲	
		トマト		トマト		トマト		トマト	
		ピーマン		ピーマン		ピーマン		ピーマン	
		シイタケ		シイタケ		シイタケ		シイタケ	
		大豆等豆類		大豆等豆類		大豆等豆類		大豆等豆類	
		果樹類		果樹類		果樹類		果樹類	
		花		花		花		花	
		その他		その他		その他		その他	

第2節　T地区における農業経営と家族役割の変化

表6-1-1　農業経営の変化調査票②

項　目 \ 年　代		1955年当時 (昭和30年)	1975年当時 (昭和50年)	1995年当時 (平成7年)	2010年 (現在)
畜　産	繁殖牛				
	乳　牛				
	その他				
農業機械の種類 (所有・非所有 に関わらず利用 したものに○)	耕耘機				
	トラクター				
	田植機				
	収束刈取機				
	コンバイン				
	脱穀機				
	乾燥機				
	除草機				
耕作地面積	水田（　a） 畑（　a） 果樹園（　a） その他の耕地（　a） 耕地総計（　ha） 番号　　　名前				
炊事担当者 食事の支度 後片付け					

表6-1-2 農業経営の変化と家庭生活についての調査票（世帯員票）

世帯員番号	氏名	性別	年齢	世帯主との続柄	教育		結婚年齢	結婚前の居住地	農業経営内における担当部門	農外就業の形態
					在学	卒業				
		男 女	歳		小学 中学 高校 短大 高専 大学 大学院	尋常小学校 旧制中学 高校 短大 高専 大学 大学院	歳	・同一集落（鷹巣堂） ・同一市町村（花巻市・東和町） ・同一県内（岩手県内） ・県外（岩手県以外） ・結婚に伴う移動ない	・何もしていない ・水稲 ・トマト ・ピーマン ・しいたけ ・大豆など豆類 ・果樹 ・花 ・繁殖牛 ・その他（　　）	・何もしていない ・自営 ・常勤 ・非常勤（パート） ・季節出稼ぎ
		男 女	歳		小学 中学 高校 短大 高専 大学 大学院	尋常小学校 旧制中学 高校 短大 高専 大学 大学院	歳	・同一集落（鷹巣堂） ・同一市町村（花巻市・東和町） ・同一県内（岩手県内） ・県外（岩手県以外） ・結婚に伴う移動ない	・何もしていない ・水稲 ・トマト ・ピーマン ・しいたけ ・大豆など豆類 ・果樹 ・花 ・繁殖牛 ・その他（　　）	・何もしていない ・自営 ・常勤 ・非常勤（パート） ・季節出稼ぎ

第2節　T地区における農業経営と家族役割の変化　　105

男 歳 女		在学	小学　中学　高校　短大　高専　大学　大学院	歳	・同一集落（鷹巣堂） ・同一市町村（花巻市・東和町） ・同一県内（岩手県内） ・県外（岩手県以外） ・結婚に伴う移動ない	・何もしていない ・水稲 ・トマト ・ピーマン ・しいたけ ・大豆など豆類 ・果樹 ・花 ・繁殖牛 ・その他（　　　）	・何もしていない ・自営 ・常勤 ・非常勤（パート） ・季節出稼ぎ
		卒業	尋常小学校　高校 旧制中学　短大　大学院 高専　大学　大学院				
男 歳 女		在学	小学　中学　高校　短大　高専　大学　大学院	歳	・同一集落（鷹巣堂） ・同一市町村（花巻市・東和町） ・同一県内（岩手県内） ・県外（岩手県以外） ・結婚に伴う移動ない	・何もしていない ・水稲 ・トマト ・ピーマン ・しいたけ ・大豆など豆類 ・果樹 ・花 ・繁殖牛 ・その他（　　　）	・何もしていない ・自営 ・常勤 ・非常勤（パート） ・季節出稼ぎ
		卒業	尋常小学校　高校 旧制中学　短大　大学院 高専　大学　大学院				

じてT地区の区長，公民館館長に調査の目的および調査方法について説明し依頼するが，全戸調査ではなく，生活研究グループに参加している女性の世帯を中心に調査を行うという方向で内諾を得た．このことにより再度，生活研究グループの代表の女性を通じて，現在および過去に生活研究グループで活動していた女性に調査の目的および調査方法について説明し依頼した．

(3) 調査対象者および研究の説明と同意：生活研究グループに所属している女性および過去に生活研究グループに所属していた女性に，まず書面により研究目的を説明し研究への協力を依頼した．同意が得られた対象者は16名で，調査は対象者の都合に合わせて日時と場所を設定し，調査時に再度研究の目的を説明し同意書により同意を得た．

(4) 調査内容：1955年，1975年，1995年，2010年の4時点における世帯員，農業従事者，農作物の種類，畜産，農業機械の種類，耕作地面積，家事労働の中心をなす炊事担当者である．各世帯員については，性別，年齢，世帯主との続柄，教育結婚年齢，結婚前の居住地，農業経営内における担当部門，農外就業の形態である．

(5) 調査場所は対象者の都合に合わせて公民館，自宅，喫茶店などで行う．

1-3) 倫理的配慮

研究についての説明時に，研究への協力は自由意志であること，研究以外にはデータを使用しないこと，個人情報を漏らさないことなどを記載し，同意が得られた方に面接時に書面により同意を得た．また，本研究は淑徳大学大学院総合福祉研究科研究倫理委員会の審査承認を得ている（審査番号10-1-126）．

2．農業経営の変化と家族役割の変化

本節は，戦後に育成された生活改善（研究）グループに参加している農家女性を対象としており，T地区の農業経営の変化と家族役割の変化を把握するにおいては，現在T地区で生活研究グループに参加している女性と，以前に生活研究グループに参加し活動を行っていた女性を対象とした．研究の目的に同意が得られた16戸の農家を対象に聞き取りを行った．ここではその聞き取り調査結果にもとづき，戦後のT地区における約50年間の農業経営の変化と，それに伴う家族内の役割，特に家事の中の炊事担当に分析の視点を当て考察を行う．その前にまず，農業センサスから岩手県全体，I町，N村（T地区が含まれる）の1955

年，1975年，1995年，2005年の農業経営をみて行くこととする．

2-1) 農業センサスによる岩手県Ｉ町，Ｎ村の把握
2-1) ⅰ 経営耕地規模の変化（表6-2）

　岩手県全体の経営体数は，1955年125,430戸，1975年121,760戸，1995年83,839戸，2005年は67,330戸であり，50年間における経営体数は約半数に減少している．次に，Ｉ町は1955年2,202戸，1975年2,179戸，1995年1,648戸，2005年1,417戸であり，県の減少割合に比較してＩ町の場合は3分の2程度の減少に留まっている．またＮ村でもＩ町同様の傾向が見られ，1955年628戸，1975年620戸，1995年464戸，2005年401戸と50年間の経営体数は約3分の2の減少であり，岩手県全体からみるとＩ町，Ｎ村の経営体数の減少率が少ないことが分かる．

　経営耕地面積規模別経営体数は，岩手県全体をみると1955年から2005年の50年間において0.5～1.0ha規模の農家が最も多く全体の3割弱を維持している．Ｉ町は1955年が33.6％，1975年24.7％，1995年26.9％，2005年28.4％である．そして，Ｎ村は1955年33.5％，1975年24.8％，1995年29.5％，2005年が32.7％である．1.0～2.0ha規模の農家の割合は岩手県全体，Ｉ町，Ｎ村ともにこの50年間減少している．一方，2.0ha以上の大規模農家は増加傾向にあり，Ｎ村では特に10ha以上の超大型農家が1995年1戸，2005年4戸となっている．

2-1) ⅱ 農作物別耕地面積の変化（表6-3）

　岩手県全体では，農作物別耕地面積で最も耕地面積が大きい作物は稲であり1960年64,918ha，1975年84,045ha，1995年74,665ha，2005年50,961haである．45年間における稲の耕地面積の変化は64,918haから50,961haと約14,000haの減少となっており，1955年の約80％となっている．次に耕地面積が多い作物は，イモ類であり1960年27,369ha，1975年1,465ha，1995年499ha，2005年98 haである．1960年から1975年の15年間で耕作面積が激減し，2005年は1960年の0.4％となっている．イモ類における耕地面積の減少傾向は小麦，野菜類の作物にも同様に見られる．また，果樹は1960年4,145ha，1975年3,130ha，1995年3,541ha，2005年2,636haであり，1960年から2005年の45年間で約6割に減少している．

　Ｉ町では，最も耕地面積が大きい作物は稲であり，1960年13,215ha，1975年

表 6-2 経営耕地面積規模別経営体数

地域	経営耕地面積	経営体数	0.3ha 未満	0.3〜0.5ha	0.5〜1.0
岩手県	1955（年）	125,430 （100%）	13,105 （10.4）	14,260 （11.4）	35,005 （27.9）
	1975	121,760 （100）	14,884 （12.2）	15,683 （12.9）	32,183 （26.4）
	1995	83,839 （100）	—	13,432 （16.2）	24,645 （29.4）
	2005	67,330 （100）	1,636 （ 2.4）	10,672 （15.5）	19,739 （28.7）
I 町	1955	2,202 （100）	198 （ 9.0）	266 （12.0）	740 （33.6）
	1975	2,179 （100）	202 （ 9.3）	225 （10.3）	542 （24.9）
	1995	1,648 （100）	9 （ 0.5）	205 （12.4）	442 （26.9）
	2005	1,417 （100）	9 （ 0.6）	167 （11.8）	403 （28.4）
N 村	1955	628 （100）	64 （10.2）	85 （13.5）	209 （33.5）
	1975	620 （100）	63 （10.2）	69 （11.2）	153 （24.7）
	1995	464 （100）	6 （ 1.3）	66 （14.2）	137 （29.5）
	2005	401 （100）	5 （ 1.2）	60 （15.0）	131 （32.7）
調査対象（T地区）	1955	10 （100）[1]	—	2 （20.0）	2 （20.0）
	1975	16 （100）	—	1 （ 6.3）	2 （12.5）
	1995	16 （100）	—	2 （12.5）	4 （25.0）
	2010	15 （100）[2]	—	1 （ 6.3）	4 （25.0）

岩手県のデータは農林水産省農業センサスより引用し作成した．http://www.maff.go.jp/j/tokei/census/afc/index.html2011.9.16　I町，N村のデータは農業センサス岩手県統計書より引用し作成した．
1）T地区のデータは対象者の農家女性からの聞き取りにより作成した．1955年は4名の対象者が嫁入前のことで不明である．
2）2005年は調査対象者の1戸が農業をやめている．

19,280ha，1995年16,580ha，2005年13,320haである．1960年から1975年までの15年間に約50％の耕地面積の増加が見られたが，その後減少したものの2005年は1960年の13,215haから105haの増加となり，13,320haとなっている．次に耕地面積が多い作物は小麦である．1960年5,605ha，1975年370ha，1995年90ha，2005年10haであり，2005年は1960年の0.2％まで激減している．この傾向は大豆，野菜類，果樹，イモ類にも見られる．

単位：戸（％）

1.0〜1.5	1.5〜2.0	2.0〜3.0	3.0〜5.0	5.0〜10.0	10.0以上
29,060（23.2）	18,090（14.4）	12,450（9.9）	2,595（2.1）	70（0.05）	―
23,198（19.1）	14,903（12.2）	13,577（11.2）	5,950（4.9）	1,138（0.9）	―
16,071（19.2）	10,183（12.1）	10,248（12.2）	5,961（7.1）	2,171（2.6）	611（0.7）
12,379（18.0）	7,951（11.6）	8,048（11.7）	4,884（7.1）	2,319（3.4）	1,118（1.6）
585（26.6）	314（14.3）	96（4.4）	3（0.1）	―	―
492（22.6）	312（14.3）	298（13.6）	97（4.5）	10（0.5）	―
379（23.0）	237（14.4）	221（13.4）	122（7.4）	32（1.9）	1（0.06）
299（21.1）	198（14.0）	178（12.6）	118（8.3）	41（2.9）	4（0.3）
170（27.0）	92（14.6）	7（1.1）	1（0.1）	―	―
163（26.3）	76（12.3）	69（11.1）	23（3.7）	4（0.5）	―
107（23.1）	62（13.4）	45（9.7）	31（6.7）	9（1.9）	1（0.2）
72（18.0）	48（12.0）	48（12.0）	24（6.0）	9（2.2）	4（0.9）
	4（40.0）		2（20.0）		―
	8（50.0）		5（31.2）		―
	6（37.5）		4（25.0）		―
	6（37.5）		5（31.2）		―

　N村の農作物別耕地面積で最も耕地面積が大きい作物は稲であり，1960年3,064ha，1975年5,010ha，1995年4,160ha，2005年2,970haとなっている．45年間における耕地面積の変化を見ると，1975年が5,010haと最も耕作面積が大きく，その後減少しているが2005年は2,970haであり1960年から94haの減少に留まっている．次に耕作面積が多いのが小麦，大豆，野菜類の順であるが，これらの作物も2005年は1960年耕地面積の1〜2％程度に激減している．

表 6-3　農作物別耕地面積

単位：ha

地域	農作物	稲	小麦	雑穀	イモ類	大豆	野菜類※	花き類/花木※	果樹※
岩手県	1960	64,918	27,183	17,425	27,369	4,829	8,776	—	4,145
	1975	84,045	1,975	—	1,465	5,771	3,605	73	3,130
	1995	74,665	867	—	499	1,512	2,726	690	3,541
	2005	50,961	1,670	855	98	1,625	1,737	685	2,636
I町	1960	13,215	5,605	270	442	4,914	1,034	0	432
	1975	19,280	370	0	70	650	470	10	340
	1995	16,580	90	10	50	260	590	40	600
	2005	13,320	10	54	1	38	28	—	63
N村	1960	3,064	2,050	81	120	1,834	278	0	17
	1975	5,010	160	0	20	250	130	0	9
	1995	4,160	30	0	10	80	140	10	10
	2010	2,970	—	18	—	10	8	—	10

岩手県 1960 年のデータは農林業センサス岩手県統計書より引用し，1975，1995，2005 年のデータは農林水産省農業センサスより引用し作成した．
http://www.maff.go.jp/j/tokei/census/afc/index.html　2011.9.16.　　I 町，N 村のデータは農業センサス岩手県統計書より引用し作成した．※野菜類，花き類・花木，果樹は路地，施設の合計で表示した．

2-1) iii　農業機械化の状況（表 6-4）

　岩手県では，1955 年は耕耘機ないしトラクター489 台，動力噴霧器 896 台，動力散粉機 32 台である．1975 年は耕耘機ないしトラクター台数が増加し 86,741 台となり，田植え機 16,622 台，バインダー（収束型）36,515 台，コンバイン 4,219 台，乾燥機 5,294 台である．1995 年はこの大型機械がさらに増加し，田植え機 54,900 台，バインダーは 55,348 台，コンバイン 20,117 台，乾燥機 16,956 台である．2005 年は田植え機が減少し 46,070 台，コンバイン 26,587 台となっている．

　I 町は，1955 年耕耘機ないしトラクター 1 台，動力噴霧器 1 台である．1975 年耕耘機ないしトラクター 1,625 台となり，田植え機 407 台，バインダー 793 台，コンバイン 51 台，乾燥機 303 台である．1995 年耕耘機ないしトラクター 1,878 台，田植え機 1,236 台，バインダーは 1,497 台，コンバイン 495 台，乾燥

第2節 T地区における農業経営と家族役割の変化

表6-4 農業機械台数

単位：台

地域 \ 機械		耕耘機／トラクター	動力噴霧器	動力散粉機	田植え機	バインダー（結束刈取機）	コンバイン	乾燥機
岩手県	1955（年）	489	896	32	—	—	—	—
	1975	86,741	11,807	15,848	16,622	36,515	4,219	5,294
	1995	104,926	—	1,867	54,900	55,348	20,117	16,956
	2005	67,136	28,575	2,622	46,070	—	26,587	
I 町	1955（年）	1 ※	1	—	—	—	—	—
	1975	1,625	196	428	407	793	51	303
	1995	1,878	—	39	1,236	1,497	495	561
	2005	1,175	596	—	1,097	—	821	
N 村	1955（年）	—	1	—	—	—	—	—
	1975	472	45	92	99	223	19	61
	1995	564	—	6	350	430	113	139
	2005	336	167	—	314	—	223	—
調査対象（T地区）	1955	3 ※	—	—	—	—	—	—
	1975	20	—	—	10	6	4	5
	1995	20	—	—	15	7	13	9
	2010	18	—	—	12	4	12	9

岩手県，I町，N村のデータは農業センサス岩手県統計書より引用し，T地区のデータは対象者の農家女性からの聞き取りにより作成した．

※1955年I町の耕耘機トラクター台数は農業センサス岩手県統計書では1台であるが，調査対象者のT地区では3台となっている．T地区の3台は，聞き取りの際に「1955年頃の機械台数」として把握したため農業センサス岩手県統計書の台数と一致しない．

機561台である．2005年は田植え機が減少し1,097台，コンバインは1995年に比較し2倍近くの821台となっている．

N村は1955年動力噴霧器1台のみである．1975年耕耘機ないしトラクター472台となり，田植え機99台，バインダー223台，コンバイン19台，乾燥機61台である．1995年耕耘機ないしトラクター564台，田植え機350台，バインダーは430台，コンバイン113台，乾燥機139台である．2005年は耕耘機ないしトラクターが，1975年，1995年に比較すると336台と減少し，同様に田植え機も

1995年より減少し314台となっている．しかし，コンバインは1995年に比較し2倍の223台である．

　岩手県における個人が所有する機械台数は，1975年より大型機械が導入され，耕耘機ないしトラクター，および田植え機の台数は1995年をピークとして2005年には減少傾向が見られた．この傾向はＩ町，Ｎ村も同様である．コンバインは県全体で1995年に大きな増加をみて2005年には1995年の25％増に比較し，Ｉ町，Ｎ村のそれは約50％の増加となっている．

2-1) iv　兼業化の動向（表6-5）

　岩手県全体の農家数をみると，1955年の農家数は125,430戸でこの内専業農家は29,850戸，第一種兼業農家数66,410戸，第二種兼業農家数29,170戸であり，全農家数に占める専業農家の割合は23.8％である．また第1種兼業農家の割合は全農家数の約半数で52.9％，第2種兼業農家数は23.3％である．1975年は専業農家の割合が全農家数の1割を下回り9.1％，兼業農家の割合は第1種兼業農家数と第2種兼業農家数が逆転し，第2種兼業農家数が66,583戸となり，全農家数の半数以上を占め58.4％となっている．さらに，1995年の全農家数は83,839戸に減少したが，その中での専業農家数は全農家数の10.4％となり，1975年の9.1％に比較し1.3ポイント増加している．そして，2005年の全農家数は67,330戸とさらに減少しているが，全農家数に占める専業農家数の割合は，16.2％であり，1995年のそれと比較し5.8ポイントの増加となっている．兼業農家数の推移を見ると1975年にみられた第2種兼業農家の割合が第1種兼業農家を上回るという現象がさらに加速し，2005年の第2種兼業家数は全農家数の67.4％となっている．

　Ｉ町は，1960年の全農家数が2,256戸でこの内専業農家は954戸，第1種兼業農家数899戸，兼業第2種農家数403戸であり，全農家数に占める専業農家の割合は42.3％である．また第1種兼業農家の割合も全農家数の約4割で899戸となっている．第2種兼業農家数は403戸17.9％で専業農家の割合が最も高い．1975年は専業農家の割合が農家数全体の1割となり10.4％，兼業農家数は第1種兼業農家42.6％，第2種兼業農家47.1％でほぼ同じ割合である．1995年は専業農家数の割合にはほとんど変化が見られず10.1％であるが，兼業農家の割合に変化が著しく第1種兼業農家20.5％，第2種兼業農家69.4％となっている．2005年ではこの傾向がさらに顕著になっている．Ｎ村の45年間における農家数の変化も，ほぼＩ町と同様に推移している．

表6-5 岩手県における専業兼業別農家数

単位：戸

地域	農家数	合計	専業農家	第1種兼業	第2種兼業
岩手県	1955	125,430	29,850	66,410	29,170
	1975	121,760	11,121	44,056	66,583
	1995	100,271[1] (83,839)	(8,769)	(18,898)	(56,172)
	2005	86,028[1] (67,330)	(10,900)	(11,057)	(45,373)
I町	1960[2]	2,256	954	899	403
	1975	2,179	225	928	1,026
	1995	1,648	158	342	1,148
	2005	1,417	208	208	1,001
N村	1960[2]	644	278	253	113
	1975	620	70	246	304
	1995	464	51	85	328
	2005	401	55	61	285
調査対象 （T地区）	1955	12[3]	9	0	3
	1975	16	4	1	11
	1995	16	6	0	10
	2010	15[4]	5	0	10

岩手県のデータは農林水産省農業センサスより引用し，I町，N村のデータは農業センサス岩手県統計書より引用して作成した．1990年から新分類になり，1995年，2005年の農家数は販売農家数で表している．

1) 農林水産省農業センサスにおける1995年，2005年の農家数の表示は，「販売農家」を対象とした戸数の表示である．表6-5では，1955年からの農家数の推移を見るために1995年，2005年の合計は総農家数で表示した．（ ）内の数字は「販売農家」のみの戸数である．
2) 1955年はI町，N村データの入手が困難であったことから1960年のデータを引用した．
3) T地区のデータは対象者の農家女性からの聞き取りにより作成した．1955年は対象者が嫁入前のことで不明である．
4) 2005年は調査対象者の1戸が農家をやめている．

http://www.maff.go.jp/j/tokei/census/afc/2000/dictionary_n.html 2015.9.30

ここまで農業センサスからみた農業経営について概観した．農業センサスによると，全国の農家数は1955年6,042,945戸から2005年の1,963,424戸と50年間で約3割に減少していた．しかし，岩手県全体の農家数を見ると，2005年（67,330）では1955年（125,430）の約半数であり，I町の場合は，2005年（2256）は1960年（1,417）の約6割の農家数，N村の場合も同様に約6割の減少であった．この結果から，全国では2005年の農家数が1955年の3割まで減少していたが，岩手県における農家数の減少は5割にとどまり，全国に比較し岩手県の農家数の減少は緩やかであることが確認された．

2-2) T地区調査対象者のプロフィール

戦後のT地区の農業経営を把握するために全戸調査を計画したが，今回の調査対象は現在および過去に生活研究グループに参加している女性の世帯を中心に調査を行うこととなり16世帯を対象とすることとした．まず対象世帯の概要について述べる．

2-2) i　2010年調査時の対象者の背景

16戸の全人数は66名で男性30名（45.5％），女性36名（54.5％）で女性の割合が高い（表6-6）．年齢構成をみると50歳代が25.9％，次に80歳代が13.6％である．10歳代20歳代は合わせて21.2％である．60歳代以上の割合が約40％であり，高齢者の割合が高く，特に女性高齢者の割合が高い（表6-7）．

次に，対象者の婚姻の状況についてみる．先ず，結婚年齢であるが平均年齢は24.9歳であり，男女別の平均初婚年齢は男性27.3歳，女性22.4歳である．男性は24歳から30歳の間に，女性は18歳から27歳の間に結婚している傾向が伺える．特に女性の場合は，約3分の1が18歳で結婚しており，男性に比べて結婚年齢が低いことがわかる（表6-8）．

また表6-9は対象者の結婚前の居住地を示したものである．結婚前の居住地で

表6-6　2010年調査時の対象者性別

性別 人数(％)	人数	割合（％）
男	30	45.5
女	36	54.5
合計	66	100

表6-7 2010年調査時の対象者年齢構成

	人数	割合（％）	男女別	
			男人数（％）	女人数（％）
10歳未満	2	3.0	2（6.6）	0
10歳代	7	10.6	2（6.6）	5（13.9）
20歳代	7	10.6	4（13.2）	3（8.3）
30歳代	7	10.6	4（13.2）	3（8.3）
40歳代	0	0	0	0
50歳代	17	25.9	9（30.6）	8（22.5）
60歳代	8	12.2	4（13.2）	4（11.1）
70歳代	8	12.2	2（6.6）	6（16.6）
80歳代	9	13.6	3（10.0）	6（16.6）
90歳代	1	1.3	0	1（2.7）
合計	66	100	30（100）	36（100）

表6-8 2010年調査時の対象者結婚年齢（初婚）

年齢	人数	割合（％）	男	割合（％）	女	割合（％）
18	8	17.2	0	0	8	30.9
19	1	2.1	1	4.8	0	0
20	2	4.2	1	4.8	1	3.8
21	2	4.2	0	0	2	7.7
22	1	2.1	0	0	1	3.8
23	2	4.2	1	4.8	1	3.8
24	4	8.6	2	9.6	2	7.7
25	4	8.6	2	9.6	2	7.7
26	3	6.3	2	9.6	1	3.8
27	4	8.6	1	4.8	3	11.6
28	3	6.3	2	9.6	1	3.8
29	2	4.2	2	9.6	0	0
30	2	4.2	2	9.6	0	0
32	2	4.2	1	4.8	1	3.8
35	1	2.1	1	4.8	0	0
39	1	2.1	1	4.8	0	0
不明	5	10.8	2	9.6	3	11.6
合計	47	100	21	100	26	100
平均初婚年齢	24.9歳		平均初婚年齢 27.3歳		平均初婚年齢 22.4歳	

表6-9 2010年調査時の対象者結婚前の居住地

居住地＼人数	人数	割合(%)	男	割合(%)	女	割合(%)
同一集落	6	12.8	2	9.5	4	15.4
同一市町村※	17	36.2	5	23.8	12	46.2
同一県内	6	12.8	1	4.8	5	19.2
県外	1	2.1	0	0	1	3.8
移動なし	16	34.0	12	57.1	4	15.4
その他	1	2.1	1	4.8	0	0
合計	47	100	21	100	26	100

※2006年の市町村合併以前の区分を採用

表6-10 2010年調査時の対象者の学歴と年齢

N＝66（男30, 女36）

	未就学児		小・中・高在学		尋常小学校 高等小学校		中学		高校卒（旧制中学校・高等女学校含む）		短大・大学卒		計
	男性	女性	男性	女性	男性	女性	男性	女性	男性	女性	男性	女性	
幼児	1	0											1
10代以下			1	0									1
10代			2	5									7
20代									3	3			6
30代							1	5	1	0		1	8
40代													0
50代							1	0	5	6	2	2	16
60代							2	2	2	2	1	0	9
70代					2	2	0	3	0	1			8
80代					3	5			0	1			9
90代						1							1
計	1	0	3	5	5	8	3	6	16	14	2	3	66

　最も多いのは「同一市町村」で36.2％である．女性だけを見ると，46.2％と半数近い人々が同一市町村の出身である．表6-10は対象者の学歴と年齢である．現在，小学校・中学校・高校に在学している者は8名（12.1％）である．20歳代は高校卒業6名（9.1％），30歳代は中学卒業が1名（1.5％），高校卒業が6名（9.1％），短大・大学卒業1名（1.5％），50歳代は中学卒業が1名（1.5

表6-11　2010年調査当時の農作業担当の有無

N＝66

種類＼担当有無	担当なし		担当あり	
水稲	30人	(45.5％)	36人	(54.5％)
大豆など豆類	47	(71.2)	19	(28.8)
トマト	50	(75.7)	16	(24.3)
ピーマン	51	(77.3)	15	(22.7)
しいたけ	55	(83.3)	11	(16.7)
果樹	63	(95.4)	3	(4.6)
花	64	(97.0)	2	(3.0)
繁殖牛	63	(95.4)	3	(4.6)

％），高校卒業11名（16.8％），短大・大学卒業4名（6.0％），60歳代は中学卒業4名（6.1％），高校卒業4名（6.1％），短大・大学卒業1名（1.5％），70歳代は尋常小学校・高等小学校卒業4名（6.1％），中学卒業3名（4.5％），高校卒業1名（1.5％），80歳代は尋常小学校・高等小学校卒業8名（12.1％），高校卒業で1名（1.5％），90歳代は尋常小学校・高等小学校卒業1名（1.5％）である．

　高等教育を受けた年代は60歳代以下の年代に見られ，女性では50歳以下の年代である．70歳，80歳では尋常小学校・高等小学校卒業が多く，特にその傾向は女性に多いことが確認された．

2-2）ⅱ　農作業担当の有無

　水稲担当になっているものは半数以上の54.5％で最も多く，次に大豆など豆類の担当をしているものは28.8％，トマト24.3％，ピーマン22.7％，しいたけ16.7％，果樹4.6％，花3％，繁殖牛4.6％である（表6-11）．

2-2）ⅲ　家事役割遂行状況

　今回の調査で家事役割は「炊事」について調査した．家事は，掃除，洗濯，炊事，買物など家庭生活を運営するための行為である．なかでも「炊事」はどの家庭でもほぼ毎日行われ，その内容が個々の家庭によって大差がないことにより調査項目として設定し，役割分担について把握した．表6-12は，男女別炊事担当

表6-12 2010年調査当時の男女別炊事担当の有無

N＝66

担当有無 種類	担当なし	担当あり	合計
男	26人（86.7％）	4人（13.3％）	30人（100％）
女	11　（30.6）	25　（69.4）	36　（100）
合計	37　（56.1）	29　（43.9）	66　（100）

χ^2値：20.915，P＜.0001

者の割合を示している．男性では炊事の担当をしていないものがほとんどで86.7％，担当しているものが13.3％であった．女性で担当していないものは30.6％，担当しているものは69.4％と約7割が担当している．家事の中で炊事担当は，女性の方が有意に割合が高いことがわかる（P＜.0001）．

2-3) 16世帯の農業経営

本項では1955年以降の各戸の農業経営について述べる．今回対象となった農家数は16戸であるが，1955年は聞き取りの対象となった女性がまだ出生していない場合や，結婚前である場合には回答ができなかったために1955年の経営体総数が16戸になっていない場合があることをお断りしたい．

2-3) i　家族形態別農家戸数（表6-13，図6-2）

1955年複合家族2戸，直系家族8戸，核家族1戸であり，1975年は16戸全てが直系家族である．1995年は直系家族が14戸で核家族が2戸，2010年は直系家族が12戸，核家族が3戸，新たに単独1戸となっている．

各年代における特徴を見ると，1955年は複合家族が2戸みられたが1975年以降はなくなり，1975年は16戸全てが直系家族という形態である．また，1995年では核家族という家族形態がみられるようになった．さらに，2010年でも新たな家族形態として単独の世帯が1戸みられている．1975年は16戸全てが直系家族であったが，この家族形態が徐々に減少し核家族や単独の形態が出現した背景は，既に「第2章　戦後日本の農業と農家」の第1節で戦後の日本社会と農業経営で論じたことと関連して理解できよう．つまり，わが国における農村社会は1960年以降の日本経済の高度成長によって大きく変化し，農業就業人口の減少や農地面積の減少をもたらした．なかでも農業就業人口の変化では，農村部から

表 6-13　家族形態別農家数

N = 16

年 形態	1955 年	1975 年	1995 年	2010 年
複合家族	2 戸	0	0	0
直系家族	8	16	14	12
核 家 族	1	0	2	3
単独家族	0	0	0	1

注）　1955 年は聞き取り対象者が婚入前のため不明であり合計が 11 である．

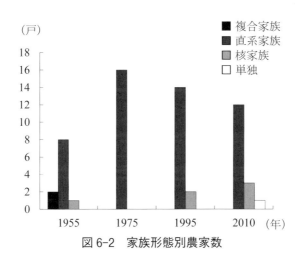

図 6-2　家族形態別農家数

都市部に向けて人口が移動しとくに青年層の他出が顕著であったことが家族形態にも影響していると考えられる．T地区においても戦後の 50 年間の把握からその傾向が確認できる．

2-3) ⅱ　経営耕地面積規模別農家戸数（表 6-14，図 6-3）

今回の調査では経営耕地面積の分類を 4 つの規模に分類し述べることとする．50a 以下を「極小」，50a～100a を「小」，100a～300a を「大」，300a 以上を「極大」とした．経営耕地面積規模別経営体数は 1955 年「大」規模が最も多く 4 戸，「極小」，「小」，「大」，「極大」規模はそれぞれ 2 戸であった．1975 年は「大」規模が最も多く 8 戸，「極小」，「小」規模が減少し「極大」規模の農家が増

表 6-14　耕地面積別農家数

N = 16

年 面積	1955	1975	1995	2010
極小	2戸	1	2	1
小	2	2	4	4
大	4	8	6	6
極大	2	5	4	5

極小：50a 以下．小：50a〜100a．大：100a〜300a．極大：300a 以上．
※1955 年は聞き取り対象者が婚入前のため不明であり合計が 11 である．

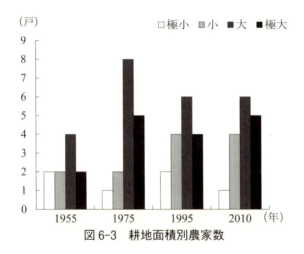

図 6-3　耕地面積別農家数

加し 5 戸となっている．1995 年は「極小」「小」の比較的小規模農家が増加し「大」や「極大」規模の農家数が減少した．しかし，2010 年は「極小」規模の小農家が 1 戸減少し，「大」や「極大」規模の農家はそれぞれ 4 戸，6 戸と 1995 年と同じ戸数であるが「極大」の大規模農家は 1 戸増加し 5 戸となっている．

　T 地区の耕地面積規模別農家数の変化は，1955 年は最も大きい規模が「大」で 4 戸，他は「極小」，「小」，「極大」がそれぞれ 2 戸であったが，1975 年には「大」「極大」規模がそれぞれ 2 倍に増加しこの戸数は 2010 年においても顕著な変化は見られていない．

　1975 年に「大」「極大」規模の農家数が増加した理由は，1960 年から 1967 年

に渡る開田事業によってT地区の農地は42haから85haと2倍になったことが理由と考えられる．50年間のT地区の耕地面積規模別農家数は「極小」規模が減少し，「大」，「極大」の大規模農家数が増加しており2極化を示している．

1983年からは，16戸の農家の中で3戸の農家が共同経営により，N村生産森林組合所有の7haの土地を借り，農事組合法人東部果樹園芸を組織しリンゴ栽培を行っている[2]．

2-3) ⅲ　農作物別農家数（表6-15，図6-4）

T地区での作物別経営体数をみると最も多くの農家が耕作しているものは水稲である．1955年，1975年，1995年は全農家が耕作しているが，2005年は1戸が耕作を辞めている．1955年で次に作物別経営体数が多かったのが麦であるが，1975年，1995年は耕作農家が無くなり2005年には1戸の農家が耕作しているのみである．また，豆類は1955年1戸であり2005年6戸と増加傾向がみられる．野菜類は195年2戸，1975年7戸，1995年，2010年は4戸である．果樹は1975

表6-15　農作物別農家数

N = 16

年＼作物	1955	1975	1995	2010
水稲	12戸	16	16	15
麦	5	0	0	1
大豆	1	2	3	5
リンゴ	0	0	2	2
枝豆	0	1	0	0
花	0	1	0	0
ほうれん草	0	1	1	1
トマト	0	1	2	2
キューリ	0	2	0	0
タバコ	0	1	0	0
シイタケ	1	2	1	0
ピーマン	0	1	0	1
ブドウ	1	0	0	0

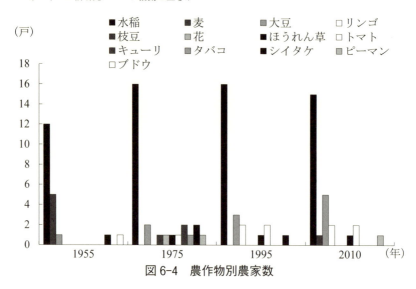

図6-4 農作物別農家数

年に耕作農家が無くなったが1995年，2010年ともに1戸の農家が耕作している．

　水稲は全農家が50年間継続して耕作していたが，2010年で1戸の農家が1世代目の妻のみの単独世帯となり，農業を辞めたことによって1戸減少している．次に，1955年に5戸の農家が麦を耕作しているが1975年からは耕作農家が無くなった．その後，2010年に1戸の農家が耕作を始めている．次に耕作農家が多い作物は大豆である．大豆の耕作は，減反政策における転作作物として耕作する農家が多く，大豆は他の作目に比較して手間がかからないためである．また大豆を利用した味噌加工にも利用できるというメリットがある．他の作物で大規模に生産しているのはトマトである．トマトは1975年1戸であったが，1995年，2010年は2戸である．この中の1戸の農家は1世代目夫婦，2世代目夫婦，3世代目のこどもと世帯員の多くが参加してトマトの栽培を行っている．

2-3) iv　農業機械台数（表6-16，図6-5）

　1955年は利用機械がなく，1975年は耕耘機とトラクター合わせて20台，動力脱穀機10台，田植え機を利用する農家も見られ10台，バインダー6台，コンバイン4台，米・麦の乾燥機5台となっている．1995年耕耘機とトラクター合わせて20台，動力脱穀機が5台と減少しているが，大型機械は増加し田植え機15台，バインダー7台，コンバイン13台，乾燥機9台である．2010年は乾燥機以

表6-16　使用した農業機械

N = 16

年 機種	1955	1975	1995	2010
耕耘機	3台	10	7	5
トラクター	0	10	13	13
田植え機	1	10	15	12
バインダー	0	6	7	4
コンバイン	0	4	13	10
脱穀機	3	10	5	2
乾燥機	0	5	9	9
除草機	0	7	11	10

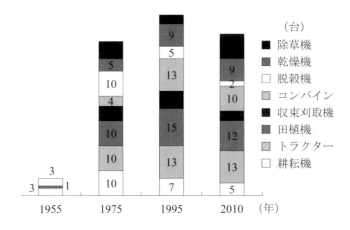

図6-5　使用した農業機械

外の機械台数が1995年に比較し減少している．

　1975年を境に使用する農業機械の種類が急増しており，1955年には無かったトラクター，コンバイン，脱穀機，乾燥機，除草機が導入された．1995年はさらにこれらの機械が増加しているが，2010年では田植え機，コンバインなどの大型機械の台数が減少傾向にある．それはこれらの大型機械の値段が何百万円と高価であり，後継者がいない農家では買い控えをする現状があることも減少の

表6-17 専業兼業別農家数

単位：戸

年度＼農家	専業農家	兼業第1種	兼業第2種	合計
1955	9	0	3	12 ※
1975	4	1	11	16
1995	6	0	10	16
2005	5	0	10	15 ※※

※ 1955年は調査対象者が婚入前で4戸が不明である．
※※ 2005年は調査対象者の1戸が農業を辞めている．

理由と考えられる．

2-3) ⅴ 調査対象者の専業兼業別農家数（表6-17）

1955年の農家数は専業農家9戸，第1種兼業農家はなく第2種兼業農家が3戸である．4戸は不明であるが1955年は75％が専業農家，25％が第2種兼業農家である．しかし，1975年は専業農家4戸，第1種兼業農家1戸，第2種兼業農家11戸となり専業農家が25％，第2種兼業農家が69％となっており，1955年から20年間で専業農家と第2種兼業農家の割合が逆転している．1995年は専業農家6戸，第1種兼業農家はなく第2種兼業農家10戸であり，1975年に激減した専業農家が2戸増えている．2010年は専業農家5戸，第1種兼業農家はなく第2種兼業農家10戸であり，その他は農業を辞めた農家が1戸である．

1955年は専業農家が多かったが，1975年から第2種兼業農家が多くなり専業農家が1955年の半数に減少している．第2種兼業農家が多くなった理由は，2世代目の夫が通勤圏内への農外就労に従事するようになったことによる．また，1975年に減少した専業農家数が2010年に増加しているが，これは1981年にＩ町がリンゴ農家を募集し，それまで第2種兼業であった農家が専業農家に転じたことによるものである．

2-3) ⅵ 炊事担当（表6-18，図6-6）

1955年の炊事担当は，1世代目から3世代目の妻に限られており夫の位置にある男性と子どもは炊事担当をしていなかった．1975年は1世代目から3世代目の妻に加えて，2世代目の夫が1名炊事担当しており子どもも1名担当している．しかし，1995年では1世代目の妻10名，2世代目の妻11名でそれ以外の

表 6-18　家族の位置別炊事担当

N = 16

家族の位置＼年	1955	1975	1995	2010
1世代目の妻	4人	6	10	13
2世代目の妻	9	10	11	10
3世代目の妻	1	5	0	2
1世代目の夫	0	0	0	1
2世代目の夫	0	1	0	2
子ども	0	2	0	2

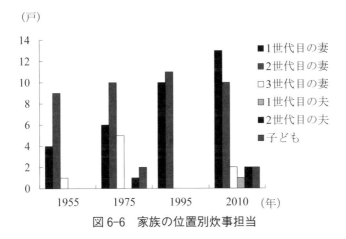

図6-6　家族の位置別炊事担当

位置にあるものの担当は見られない．2010年では1世代目の妻が13名，2世代目の妻が10名，3世代目の妻が2名，1世代目の夫が1名，2世代目の夫が2名，子どもが2名と全ての位置において炊事を担当していることがわかる．

1955年から一貫して2世代目の妻が9～11人とほぼ同じ人数で担当しているが，年代を経るごとに増加傾向にあるのは1世代目の妻であり，2010年では2世代目の妻の10人より1世代目の妻が13人と多くなっている．また，2010年では炊事担当者が多岐に亘り1世代目から3世代目の妻に加え，1世代目，2世代目の夫，子どもが担当しており，特に男性の担当者の増加が特徴的である．1955年から約50年間の炊事担当は，世代に限らず「妻」の担当であったもの

が，「妻」意外に「夫」が担当するようになったことが大きな変化である．

3．小活

　第2章2節で「農村家族の家族構成」について論じ，農村における家族形態の特徴は，若年層の他出による直系家族の減少と，核家族や単独世帯の増加であることを述べた．T地区の家族形態も直系家族の緩やかな減少と核家族，単独世帯の増加が確認された．

　農家の兼業化の動向はT地区では第2種兼業農家の著しい増加が特徴である．また，専業農家数はI町，N村では1975年以降約4分の1まで減少しているが，T地区では半数にとどまっている．耕地面積規模別の農家数は，2haまでの耕地面積を有する農家数はI町，N村ともに減少しているが，T地区では1995年より減少傾向はみられていない．さらに，T地区では，1995年より3ha～10haの大規模農家も25-30％の割合を維持している．

　I町，N村の農業機械台数は，田植え機やコンバインなど大型機械は1995年以降に著明な増加となっているが，2005年では1995年に比較し田植え機が減少しコンバインが約2倍となっている．T地区の大型機械台数は1995年をピークに減少傾向がみられる．

　家事役割における炊事担当の男女比較では，女性の担当割合が有意に高いが，1955年から50年間の推移を見ると，T地区では妻のみの担当であったものが2005年では夫の担当が25％となっている．夫の位置の男性も家事を担う傾向になっていることが確認された．

注
1) 2005年の農林業センサスにおける農業経営体数は47戸である．
2) 1983年から，3戸の農家が共同経営により，N村生産森林組合所有の7haの土地を借りてリンゴ栽培を行っていたが，その中の1戸の経営者が2002年に亡くなったため共同経営は2戸の農家になった．

第3節　生活研究グループ活動と農家女性

　ここまで本研究の調査対象であるT地区における戦後約50年間の農業経営と家族役割の変化について概観した．本節の目的は，1963年（昭和38）にT地区に発足した生活研究グループに参加し活動する農家女性の聞き取りから，生活研

究グループの活動が農家女性一人ひとりにもたらす生きがいについて明らかにすることである．その分析の視点は，本研究の枠組みで従属変数とした3つの次元，つまり，「自己の価値観」，「自己の意欲・積極性」，「自己の充実感・満足感・存在感」であり，生活研究グループの活動がこの3つの次元とどのように関連しているのか考察する．さらに，全国的にみて生活研究グループ数は年々減少し高齢化傾向が進むなかで，T地区の生活研究グループは年齢層に幅がある．1963年の発足時から，継続して活動している70代と，後に入会した60代，50代，そして40代のメンバーで構成されている．構成メンバーの年齢に幅があるということは，それぞれの世代の生活背景に違いがあり，生活研究グループ活動がもたらす生きがいを分析するにおいては世代ごとの特徴にも着目する必要がある．

1．調査の概要

調査は以下のように行った．データ収集の対象は，T地区生活研究グループに所属している女性7名である．調査手続きはグループのリーダーに研究の目的を文書にて説明し，個々のメンバーに説明を依頼した．調査期間は2010年2月から6月で，調査は対象者の都合に合わせ公民館，自宅，喫茶店で実施した．調査方法は個人面接，グループ面接であり，面接内容は個人的属性の年齢，出身地，学歴，職業，世帯構成・世帯人数，配偶者の職業である．

ライフヒストリーでは就職，結婚，就農，出産・育児，子供の進学・就職・結婚，要介護の有無である．また，生活研究グループ活動に関する内容は，生活研究グループへの入会動機，入会した時の年齢，グループでの活動内容，役割，家族の協力体制，将来についての展望である．面接内容は対象者の同意を得てテープに録音し逐語録に起こしデータとした．面接時間は30分～2時間で，その後に補足面接をした場合もある．分析は，対象者の一人ひとりのデータを精読し，個人の生きがい活動を表していると思われる内容を抽出した．次にその内容を短い言葉で表現し，3つの次元として設定した「自己の価値観」，「自己の意欲・積極性」，「自己の充実感・満足感・存在感」に分類した．

2．本調査における倫理的配慮

研究の説明時に，研究への協力は自由意志であること，研究以外にはデータを使用しないこと，個人情報を漏らさないことなどを述べ，同意が得られた方に面

接時に再度口頭で説明し，書面により同意を得た．また，本研究は淑徳大学大学院総合福祉研究科研究倫理委員会の審査を得ている（審査番号10-1-126）．

3．T地区生活研究グループの活動の変遷

T地区生活改善（研究）グループ（以下T地区生活研究グループ）は，1963年に地域の婦人会[3)]から有志10人余で結成された（表6-19）．結成当初は月に1度程度公民館に集まって，しとねもの（餅や饅頭などの練り物）やきゅうりの漬物の作り方を生活改良普及員により指導を受けていた．1970年には正式に組織化を行い活動の基盤ができ上がった（表6-20）．同年にはⅠ町の生活研究グループ連絡協議会に加入し，翌1971年にはH市地方連絡協議会へ加入し，他の生活研究グループとの交流を拡大していった．生活研究グループが結成される以前よりT地区では納豆作りが行われていたが，1965年ごろに途絶えていたものをT地区生活研究グループで復活させ活動の骨子となった．この納豆作りは外部からの評価が高く1970年にはⅠ町農業賞受賞，1989年には岩手県活動奨励賞受賞の原動力となった．

1994年には，Ⅰ町生活研究グループ連絡協議会3グループの共同により，母ちゃんレストランの営業を開始することになった．このレストランの店長はT地区生活研究グループのメンバーであり現在も継続している．T地区生活研究グループの活動は地区の公民館で実施していたが，築50年のため建て替えをすることになり，これを機に新公民館にT地区生活研究グループの有志で農山物加工所を併設した．同時にT地区公民館建設委員にT地区生活研究グループのメンバーが加わることになった．その理由は，公民館女性部だけが運営に関与するのは負担が大きいことと，T地区生活研究グループの使用頻度が高く，外部から実績が評価されたことにより地区内でもグループの活動が認められるに至ったことによる．

4．T地区生活研究グループに参加する農家女性の活動

本節ではT地区生活研究グループメンバー7名からの聞き取りからライフヒストリーを整理し，そのなかで生活研究グループの活動が農家女性一人ひとりにどのような生きがいをもたらしているのか考察していきたい．さらに，T地区生活研究グループは40代から70代とメンバーの年齢構成が幅広いという特徴を有することから，世代ごとの特徴について言及したい．

表6-19　T地区生活改善（研究）グループ活動経過

年	活動経過	内　容	社会的評価
1963年(昭和38)	T地区の婦人部から有志10人が集まりT地区生活改善グループを結成する	※しとねもの，きゅうり	
1970年(昭和45)	T地区生活改善グループを正式に組織化 （表　T地区生活改善グループ規約） I町生活改善グループ連絡協議会に加入		
1971年(昭和46)	H市生活改善グループ地方連絡協議会に加入 野菜生産団地を始める（5年間）		
1975年(昭和50)		ワラつと納豆	I町農業賞受賞
1976年(昭和51)			
1985年(昭和60)	青空市に出店開始 大豆の栽培開始	廃油せっけん・漬物加工	NHKから納豆作りの取材依頼
1986年(昭和61)		金婚巻漬物	
1987年(昭和62)		加工品販売	
1989年(平成元)	真空包装機械購入		岩手県活動奨励賞受賞
1990年(平成2)		しそジュース	
1994年(平成6)	I町連絡協議会が母ちゃんレストラン「つたの輪」の営業を開始し，店長はT地区生活改善グループメンバーが着任		フジテレビ系列納豆作り収録
1996年(平成8)	I町C地区土曜市に月2回出店開始 納豆クラブの結成		「つたの輪」の活動に食アメ・食プラでダブル受賞
1997年(平成9)		麹加工	
1998年(平成10)		味噌作り	
1999年(平成11)	I町グリーン・ツーリズムへの協力		岩手日日新聞に納豆作り掲載
2001年(平成13)	ゆうパック配送開始		
2003年(平成15)			
2005年(平成17)	新公民館落成		
2009年(平成21)			H市農業賞受賞

※「しとねもの」とは，「しとねる＝こねる」の意味．米（モチ・ウルチ）や小麦の粉をこねて形をつくり，茹る・蒸す・焼くなどの方法で，団子，饅頭，大福，ゆべし，きりせんしょ等の総称．

表 6-20　T 地区生活改善グループ規約

第1条（名称）
　本会はT地区生活改善グループと呼ぶ．
　事務局は会長宅におく．
第2条（目的）
　本会は会員の親睦を図ると共に，よりよい家庭づくりの知識を広め，技術を習得し，堅実に生活の改善を推進することを目的とする．
第3条（事業）
　本会の目的を達成するため，次の事業を行う．
　(1) 研修に関すること
　(2) 知識や技術の交換に関すること
　(3) その他本会の目的達成に必要な事項
第4条（会員）
　本会は部落内の農家婦人で構成する
第5条（役員）
　本会は次の役員を置く
　会長1名副会長1名
第6条（役員の選出）
　会長及び副会長は会員の互選とする
第7条（役員の任務）
　(1) 会長はこの会を代表し，会務を処理する
　(2) 副会長は会長を補佐し，会長事故あるときはその職務を代行する
　(3) 役員の任期は2年とする．但し再選は妨げない
第8条（総会）
　(1) 総会は毎年1回会長が招集する
　(2) 総会は会員の過半数をもって成立とする
　(3) 総会は次の事項を決議する
　①規約の改正　②事業計画及び収支予算　③事業報告及び収支決算
　④役員の決定　⑤その他重要事項
第9条（会計）
　(1) 経費は事業益金その他でまかなう
　(2) 会計年度は，毎年4月1日から翌年3月31日までとする
第10条
　この規約は昭和45年4月1日より実施する．

4-1) 対象者のライフヒストリーと生活研究グループ活動（表6-21）
＜M氏のライフヒストリーと生活研究グループ活動＞

　M氏は1933年（昭和8）材木商の二女として生まれる．1951年（昭和26），18歳の時に仲人の紹介で嫁いだ．夫の顔を見たのは婚姻当日である．M氏は父親のトラックの助手席に乗ってT地区の入り口まで来て，そこからは歩いて婚家に行った．夫はその時20歳．あまり顔を見ない，話もしない人だった．後に夫はその時のことを「恥ずかしかった」と話した．婚家は夫と夫の祖父，父，母（後妻38歳），義妹（16歳）の5人家族であった．夫の実母は夫の兄弟を出産した後に亡くなった．この当時は主に夫の父と夫が農業に従事しており，義母は体が弱くあまり農業をしなかった．結婚と同時にM氏は農業と家事を担当することになった．M家の農業経営は水稲が60a，畑50aで，畑では麦を栽培し他に自家用の野菜を作付していた．結婚当時，農業機械は何もなく全て手作業であった．馬を1頭飼育していたがこれは乗馬のためのものであった．義父は酒が好きでM氏が嫁に来てから仕事をしなくなり，農業はM氏と夫が主に担当した．その中でM氏が楽しいと思ったことは，義妹と一緒に料理をしたりすることだった．義妹はとても活発な方だった．M氏は1952年（昭和27），1954年（昭和29），1955年（昭和30）にそれぞれ男児を出産した．

　1972年（昭和47），台風が近づく日に義父と夫が近所の人を誘って簗で鮎捕りに行き，簗が決壊し義父が川に流され近所の人も流され亡くなった．M氏の夫のみ助かったが，それ以降M氏の夫は酒に溺れるようになり，M氏が基幹的農業従事者となった．その後，関東地方に就職していた長男が嫁を連れてT地区に戻りM氏の孫が誕生した．M氏の長男は農業協同組合の仕事を行いながら農業経営では水稲を担当し，M氏の長男の妻も手伝う程度に農業に従事した．長男が帰農後には水稲面積が170aに増え，畑は自家用作物のみで10aとなった．またこの時期には耕耘機，収束刈取機，脱穀機，除草機などの農業機械を導入していた．繁殖牛も2頭飼育するようになった．義父が亡くなってから義母も仕事をするようになり，家事は義母，M氏と嫁の3人で担当した．1981年（昭和56）からI町でリンゴ栽培農家を募集しM氏の長男が応募した．10haのリンゴ畑を，3世帯で農業組合法人を組織し共同経営を行った．長男とM氏は基幹的農業従事者，M氏の夫と長男の妻は農業従事者として分担した．この時期のM家の耕作面積は水稲170a，畑は自家用作物のみで10a，他に上記のリンゴ10haの共同経営を（生産森林組合からの借地）していた．

132　第6章　生活研究グループ活動と生きがい

表6-21　T地区生活研究グループメンバーの概要（平成22年現在）

項目 氏名	現在 年齢	出身地	学歴	入会 年齢	農外就労の有無			T地区生活 研究グループ 会長歴	その他の 役割	備考
					結婚前	育児期	現在			
M氏	70代 後半	I町	尋常 小学校卒	30代 前半	無	無	無	昭和51～ 52年		
O氏	70代 後半	I町	新制 中学校卒	30代 前半	無	無	無	昭和53～ 54年		
R氏	60代 後半	H市	高等学校 卒	30代 後半	有	無	有	昭和61～ 62年		
S氏	60代 前半	T地区	中学校卒	20代 後半	無	無	有	昭和59～ 60年		
U氏	50代 後半	S町 （I町隣）	高等学校 卒	30代 前半	有	無	有	平成21年～ 現在	現I町会長 ※1	
W氏	50代 後半	T地区	専門学校 卒	20代 後半	無	有	有	昭和63年～ 平成15年～ 20年	現地方連会長 ※2	
Y氏	50代 後半	T地区	短期大学 卒	20代 後半	無	（有）※3	（有）※4	平成元年～ 14年		昭和63年　家 計簿コンクー ル入賞

注：※1　I町会長（I町生活研究グループ連絡協議会）
　　※2　地方連会長（H市地方生活研究グループ連絡協議会）
　　※3、※4　子どもが居ないため（　）付けとした

2002年（平成14）長男死亡，2005年（平成17）夫死亡，2006年（平成18）義母死亡．長男が構成員だったリンゴ栽培の法人は，長男が亡くなり長男の妻が権利を引き継いだ．併せて，自宅の水稲を担当するようになった．また，M氏の孫が2006年（平成18）に結婚し現在はM氏，長男の妻，孫夫婦の4人家族である．農作物は水稲で170a，畑は自家用作物のみで10aである．

M氏は夫が亡くなってから漬物加工の技術を利用し生活研究グループに参加しながら自宅でも独自に製造し通年で産地直売所に卸している．生活研究で蓄積した技術を今応用している．

T地区では，地域婦人会活動から有志を募って1963年（昭和38）に生活改善グループが発足し（2000年に生活研究グループに名称変更），この時からM氏も参加し，途中病気の時に休んでいたが継続して活動を行っている．M氏は，「家の中に閉じこもっているのが嫌いだったので3人でも4人でも集まる所に行きたかった．だから本当にグループっていうのはありがたい」という．もともとM氏は，学生時代から友人と「オメは和裁な，オメは洋裁な，オレは編み物な」って，何かをやりたかった．学校終了後は「先生なるべし」って話をしていた．しかし，「学校卒業後嫁に行かされ好きなことなんてやれなかった」という．「私は何かやりたいって気持ちだった．でもみんなだって一生のうち何かやりたいっていう目的持って生まれてくると思うよ．だから，子育ての時は羊を飼ってたから，毛糸採ってみんなのために編み物して，子ども達にセーター編んで，家の人達のもの作ったり，遮二無二そんなことしてたの．いくらセーター編んだって，チョッキ編んだって，全然お金にならないけど，毛糸買わないだけでもいいとしないと．」

生活研究グループ発足当時の生活改良普及員はN氏で，この普及員の講演で「女の人も小遣いを持たないとだめなんだよ」と言われたことを，M氏は今でも忘れない．後になって「やっぱりな」と思ったという．この当時の活動は納豆作りであったが，H市地方連絡協議会に参加してから漬物の技術を身につけた．しかし，「夫は出て行くのに絶対反対だったから，そこを抜け出して歩き歩きしたから，おもしろかった．」大変な境遇の方は多かったが，そこを「頑張って出て行く人と，諦めてしまう人がいるが諦めないで頑張って出て行く方であった」とM氏は振り返る．そして，夫が亡くなって介護の必要もなくなり「この3年間はほんとにおもしろい．自分の好きなこと出来るもの．農家でまず何やるったって，野菜作ってるから漬物一番いいんじゃないかな．バイクで産直に持って行け

るからね．漬物だから保健所の許可なしでできる．それで自分のお金が獲れるようになることもあるけど，自分の気力，生きがいだな．本当に面白い，今は．まず歩きながらも考えてるから．あれをどういう風に漬けたら美味しくなるかなとか．どの味にしたら美味しくなるかなとか．でも基本は生活改善グループで習った技術．それを自分なりにアレンジする．おら，生きて来れたのも普及員さんのおかげだと思ってる．」今は漬物のことを考えるのがとても楽しく，ほとんど漬物で一日が終わる．ひ孫が生まれ現在小学校1年であるが就職するのを見届けるまで漬物で頑張りたいと考えている．

M氏は学生時代から「何かやりたい」という気持ちを持ち，教師になるという目標をもっていたが18歳で農家に嫁に行くことになった．しかし，「何かやりたい」という気持ちを持ち続け30代の時に生活研究グループが発足し，自ら「人が集まる所に行きたい」と入会している．この時，家族の大反対に遭うが反対を押しても自らの強い意思で参加する努力を続けた．M氏は「だれもが一生のうち何かやりたいっていう目的を持って生まれてくる」という．これはM氏の価値観であり，M氏の活動はこの価値観に基づく行為であると捉える．M氏は，生活研究グループの活動によって漬物の技術を身につけこの技術により現在は現金収入を得ている．しかし，現金収入よりも漬物をどのようにアレンジしておいしく作るか，終始そのことを考えて過ごしている．この考えている時間が何より楽しく，漬物を作ることが"私の生きがいだ"と言っている．今は夫の介護も終え毎日が充実し，人生のなかで一番いい時間を過ごしている．ひ孫が就職するのを見届けるまで漬物で頑張りたいと考えている．

生活研究グループに参加し生活改良普及員の指導により技術を身につけたことがM氏の自己実現につながっている．

＜O氏のライフヒストリーと生活研究グループ活動＞

O氏は，1933年（昭和8）同町内で出生し18歳でO家に嫁いだ．夫は19歳．家族は義父，義母，夫，義弟，義妹の5人で専業農家である．義父は花巻農学校の1期生で宮沢賢治の教え子であった．農家経営に関しては，他の農家にはない経営方法を次から次に考えて実行していくというような方で，家族は黙ってその方針に従うという状況であった．農作物は主に水稲と麦であり，田100a，畑50aである．また家畜は黒毛和牛1頭と鶏を飼育していた．鶏は数百羽を飼育し義母が行商に出て卵を販売していた．農業従事者は義父母とO氏夫婦の4人が

基幹的農業従事者として働き，1955年（昭和30）当時より耕耘機を使用していたが，他は全て手作業であり農繁期は雇用を依頼していた．家事は義母とO氏が担当し，義妹10歳と義弟5歳の世話もO氏夫婦が行っていた．1954年（昭和29）にO氏夫婦に長男が誕生し，その後次男，三男に恵まれる．

「着物が縫えるようになってはじめて娘が一人前だって言われた．着物作ってけろって言われて，裁つことも出来なかったって言われれば親が恥ずかしいからね．個人の先生の所に通って習って，着物ができて嫁に行けるってことですね．嫁に行った時は田に行くより着物仕立てろって言われた．浴衣とか農作業着とか，その他に機織り．夜なべに糸を紡いでね．着物の生地なんて無かったから畑に麻を蒔いて麻糸を紡いで作るの．まず嫁は家の中には居られなかったというのが正直なところです．昼寝も何も出来ない．食事が終わると，次の食事に間に合わせないといけないんだもの．」

1975年（昭和50）当時の基幹的農業従事者はO氏夫婦と長男の3人であり，義父母は手伝う程度になっていた．田は10haとなり水稲中心の農業になり，作業はすべて機械化されトラクター，田植え機，コンバイン，乾燥機，除草機を使用している．家事はO氏が行っていた．1963年（昭和38）に生活研究グループが立ち上がると同時にO氏は入会している．

1995年（平成7）基幹的農業従事者はO氏夫婦と長男の3人であり，O氏の夫は繁殖牛を5頭に増やし家畜の担当，水稲は大型機械導入により長男が担当している．田は7ha，畑は10aである．長男が結婚し，O氏夫婦に孫が二人誕生した．家事は長男の妻が担当している．

2010年（平成22）基幹的農業従事者はO氏夫婦の長男のみで農作業は機械により5haの水稲を担当している．農業経営規模はT地区でも大農家の類に入る．また，O氏の夫は繁殖牛5頭を継続して担当し，O氏は農繁期の時に農作業を手伝っているが，他はリンゴ園の雇用に出ている．家事は長男の妻が担当している．

1955年（昭和30）頃に発足した地域婦人会活動に各家から1名参加の要請があり，O家では家長の指示によりO氏が参加した．その後1963年（昭和38）に地域婦人会活動は，公民館女性部に移行し，その中から有志を募って生活研究グループを結成した．この時O氏は自ら参加し50年以上継続してグループ活動を行っている．結成当時は台所改善をやったが，O氏の家は新しい家だったので台所改善はやらなかった．その後は，田植えの時の共同炊事を行い公民館でみんな

で食べた．グループに入会したことによって，他の集落のグループと交流が生まれた．I 地区，O 地区のグループとか，素晴らしいおいしい漬物を作ってきて食べさせてもらい，それがとっても珍しくて，うちではそういう物を作れなかったからそれを習いに行った．これがすごく刺激になって「覚えたいなあ」と思っていろんなところに出かけて行った．これが漬物の始まりだった．それから勉強するために遠野にも行った．それから自分たちのグループでもやってみようということになった．最初は自給で，販売できるようになったのは 1987 年（昭和 62）からである．始めたころは小遣いが欲しくて，昔は実家から小遣いを貰ったけど実家が裕福なら貰えたけどほとんどなかった．そのころ，田の開墾工事に「行きたい」って言って許可をもらって小遣いを稼ぎに行った．

生活研究グループは家族から行け行けと言われたわけではなかったけれど，自分で行きたくて行った．普及員の方達に，集まって勉強する機会を作ってもらい普及員さんに教えてもらった

生活研究グループの活動には熱心に参加し現在は自宅でも漬物加工し産地直売所で販売している．何かを作ることが大好きで編み物も得意である．義父母の介護に要した時間は少なかった．

O氏は同一町内から 18 歳で結婚した．O家はT地区でも農業経営規模が大きく結婚当初より農業に従事し，家事や義妹弟の面倒も見ることとなった．1955 年頃に発足した地域婦人会活動には家長の指示で参加したが，その後この地域婦人会から有志を募って結成した生活研究グループには自ら行きたいという気持ちで参加した．O氏は"何かを作ることが大好き"でありこのグループ活動によって他のグループとの交流をもつことが活動意欲につながって行った．生活研究グループ同士の交流会では，それぞれのグループで作った漬物を持参し試食会を行ったが，そこで今まで味わったことのないものを試食すると"この味を覚えたい，勉強したい"という向学心に燃え，Q市の生活研究グループまで足を運び漬物の技術を身につけた．その技術で現在は自宅で漬物の加工を行い産地直売所などで販売している．技術を身につけて行った背景に，生活普及員による学習の機会と指導があったからだと考えており，O氏は今まで病気をしたことが無く現在でも生活研究グループの活動には積極的に参加し活動を継続している．

生活研究グループに参加し仲間同士の交流がO氏の向学心を掻きたて，積極的な活動に結びついている．

＜R氏のライフヒストリーと生活研究グループ活動＞

　R氏は，1947年（昭和22）H市の農家の7人兄弟の6番目として生まれ高校卒業後は会社勤めをしていた．親戚の仲人で28歳の時に見合結婚．R家の家族は夫と祖母の2人暮らしであり，R氏は結婚前からの仕事を続けていたが，結婚の翌年に長男長女が誕生したので仕事を辞めた．基幹的農業従事者はおらず，夫が土木作業員として働く合間にR氏と2人で農業を行っていた．耕作面積83aで田のみで作付は水稲．結婚前は夫が一人で農業を行っていたため，農業機械を購入し耕耘機，田植え機，収束刈取機，脱穀機，除草機を使用していた．家畜は繁殖牛1頭を飼育している．結婚前の家事はR氏の夫が担当していたが結婚後はR氏が担当するようになった．長男長女出産後の4年後に二男が誕生した．

　R家の農業収入は少なく，農業以外の仕事をしないと生活は出来ない．最近まで農業協同組合からの借金の返済が続いていたが，ようやく借金が無くなり今が一番いい時期である．

　1980年頃に仲人をして下さった方が生活研究グループに参加していたことから，仲人の方に誘われてT地区生活研究グループ結成後，約17年経過後に入会した．仲人の方は途中で退会している．入会当時の生活研究グループの生産活動は「金婚漬」という漬物であったが，金婚漬の作業は夜も出ることが多く，一時は身体も辛くて辞めようと思った．しかし，現在は味噌加工になったので作業はとても楽になった．生活研究グループでの活動は人と交わり情報が入るので楽しい．退職後は時間に余裕があるので生活研究の活動を積極的に行いたいと考えている．

　R氏は1974年（昭和49）に結婚したが，夫の祖母が翌年に亡くなった．この時に義祖母の遺品を整理しなければならなかったが，"R家に嫁いできたばかりの嫁が整理し難いだろう"と言って自ら進んで遺品整理を手伝ったのが生活研究グループメンバーのY氏の母親である．Y氏の母親はR家と親せき筋でもあったが，T地区婦人部3代目の会長である．Y氏の母親は80歳を機に生活研究グループを退会しているが，行事がある時は応援に来て活動している．R氏は，「この時の恩は一生忘れられない．何につけてもY氏の母親は素晴らしい人である」とR氏は尊敬している．

　R氏はH市から28歳で見合結婚しT地区に嫁いだ．高校卒業後から会社勤めをしていたが，実家が農家であったことから農業のことはよく理解していた．農業は夫婦の空いた時間に行っていた．R家は農業経営規模が小さく農外就労によ

り生計を立てていた．子どもが生まれてからR氏は会社を辞めるが，手がかからなくなってから再度会社勤めをするようになった．

　生活研究グループには，親戚の仲人である生活研究メンバーに勧められて入会し，作業が辛くて途中で辞めようと思ったこともあったが現在まで継続している．継続できた背景には生活研究グループでの活動は人と交わり，情報が入るので楽しいという思いからである．夫も退職後は補助会員のような立場で手伝っている．

　H市から嫁に来たR氏は，あまり知り合いもなく，結婚間もない時期に義祖母が亡くなり困っていた時に受けた恩を忘れていない．この時に助けた方が生活研究グループのリーダーであり，この時の恩が忘れられずR氏は人とのつながりを大事にして活動を続けている．そして，会社を退職し時間に余裕があるので今後は生活研究グループの活動を今まで以上に積極的に行っていきたいと考えている．

　生活研究グループの活動により人とのつながりが強化され，R氏は積極的に活動をするようになった．

＜S氏のライフヒストリーと生活研究グループ活動＞

　S氏は，1949年（昭和24）T地区の農家の二女として生まれる．農業経営規模は田33a，畑5aで父母が基幹的農業従事者と働いていた．中学卒業後は農業を手伝っていたが23歳で見合結婚し夫がS家に婿入りした．S氏の夫は常勤で建設業に従事していた．

　1974年（昭和49）〜1978年（昭和53）に一男二女が誕生した．この間にS氏の父が亡くなり基幹的農業従事者はS氏だけになり夫と母が手伝っていた．農作物は水稲で田は33a，畑5a．家畜は鶏，山羊，ウサギを飼育．農業機械はない．家事はS氏と母が担当した．

　1995年ころからS氏はパート勤めに出るようになり，基幹的農業従事者はいなくなった．農作業は仕事の合間にS氏夫婦と長男，二女が手伝っていた．

　S氏は2000年頃から介護士として常勤で働いている．また，S氏の母親は70代で認知症と診断され，自宅で介護をしていたが介護が大変になり特別養老ホームに7年間入所し90歳で亡くなっている．今はお世話になったことに感謝し自分ができることを介護士としてやっていきたいと思っている．

　生活研究グループへの入会は，近所のグループメンバーの方に誘われたことに

よる．しかし，誘ってくれた方が辞めた時は，「ああ，自分も辞めよう」と思った．子どももいるし，車の免許がなかったから，夜出て行くのが嫌だなと思った．でも辞めないで良かったと思う．いろんなこと覚えたし，漬物も美味しく作れるようになり，家族から美味しいと言われるようになった．自分の知らないものを食べた時にはそれが作りたいから教えてもらいすぐに実行した．自分で作った物を何か行事がある時に持っていくのが楽しみになった．

「メンバーは年代がいろいろだから良いかなと思う．話が合う人も出来た．特に，R氏と隣同士で子どもたちの年代も同じであり，生活研究グループの活動が無い季節などは一緒にピーマンを植えたりした」

T地区生活研究グループは，会長は輪番制でありS氏も一度経験しているが，難しいので出来れば役職は避けたいと思っている．30年継続して活動できたのは好きなことだから，大変なときは「行けない」と言って休ませてもらえる環境であった．それとメンバー同士であまり人の悪口を言わない．話が合う人も出来た．30年前みたいに隣近所でお茶飲む付き合いが無くなっているから入会して良かったと思う．

介護の仕事をしながら活動することは疲れるけど"今日何しよう"と考えるより忙しい方が性に合っている．楽しいからね，元気なうちは続けたい．活動は誰にも何も言われることなく好きなようにやってきた．

生活研究グループに若い後継者が欲しい欲しいと思っているのに，自分の子どもを誘うという発想は全くなかった．

S氏は23歳で見合結婚しS家を継いだ．夫は建設業に従事し勤めに出ていたのでS氏が中心に農業を行い夫と母が手伝っていた．子ども3人に恵まれ，3番目の子どもを妊娠しているときに近所の生活研究グループメンバーに勧められて入会した．誘ってくれた方が辞めた時，子どももいるし，車の免許がなかったから，夜出て行くのが嫌だと思い辞めようと思った．現在まで継続できた背景には，自分ができないものを作りたいという向学心と仲間との交流が考えられる．そして，活動について誰にも何も言われず自由にできたことがあげられる．会長職などはできないけれど楽しいから元気なうちは続けたいと思っている．

生活研究グループの活動はS氏の向学心と仲間との交流の場となり継続的な活動に結びついている．

<U氏のライフヒストリーと生活研究グループ活動>

　U氏は，1955年（昭和30）隣のS町の農家の長女として生まれた．高校卒業後に自宅から勤めに出ていたが，25歳の時にお見合でT地区に嫁いできた．U家は夫と義父母と義祖母の4人家族であった．基幹的農業従事者は義父母とU氏で，夫は常勤で会社勤めに出ており農業は休日に行っていた．家事は義母とU氏が2人で分担するようになった．農作物は水稲が150a畑5aで畑は自家用の野菜が中心であったが，トマトはハウス栽培をして出荷していた．結婚当時繁殖牛を飼育していた．農業機械はトラクター，田植え機，コンバイン，乾燥機，除草機を使用していた．結婚2年後に長男が生まれ，その後長女二男に恵まれている．

　1995年ころよりU氏は勤めに出たので農業は義父母が担当し，休日にU氏夫婦が行うようになった．2010年調査時では耕地面積が減少し水稲が100a，畑5aになっている．水稲の作業は休日にU氏夫妻と，二男が行っている．農業機械はトラクター，田植え機，コンバインを使用している。そろそろ買い替えの時期であるが，トラクターなどは高額であることから，今後の買い替えをどうするか検討中である．また，92歳の義母が要介護度3の認定を受けているため介護をしながら家事もU氏が一人で行っている．介護認定された時は部屋で排泄をしていたが，出来るだけ歩くようにとトイレで排尿するように支援したところ，以前より行動範囲も広く排せつもトイレで出来るようになっている．

　生活研究グループには3人目の子どもが生まれた1988年ころにU氏に誘われて入会した．夜の活動だったので子どもの面倒は義母と夫が見てくれた．活動に対して一切何も言われたことが無い．姑は入会していなかったがその当時の嫁は自分から外に出るっていうことは出来なかった年代である．U氏は「自分たちの年代は行っていいですか？」ではなく，「行ってきます」という年代であるという．しかし，活動には家族の協力があったのでやってこられた．みんなに会えば楽しいし，このグループは，家の中のことを言わないから長続きしている．現在はT地区，I町の生活研究グループ連絡協議会の会長を務めている．

　「入会していると講演会などの誘いがあり，いろいろなこと聞けるから良い．何も入ってないと，仕事場と家の往復だけで，視野が狭くなる．このグループに入って出来るだけそういう講演に参加するようにしている．聞いてきた講演会の内容をグループメンバーに積極的に話はしていないけど，何かしらすごくいい話だったなと自分が思える．ある講演会に参加した時，"こういう場では何か一言言ってください，何でもいいですから"と言われた．"地域ではこういう問題が

あるとか，今こういうこと考えているとか…."その時にぽつぽつ話が出て，私の思っていることを言葉にするっていうことが養われ，自分の考えを言葉にするっていうことはなかなか出来ないから．講演の話を聞いただけでも絶対自分の為になる．だからみんなにも出てもらいたいと思う．Ｕ氏はよく出ている．町協議会として運営している農家レストランの経営支援，家事など忙しいのにいろいろ出ている．継続するためには何でも適当にすること，ある程度やれること．農産加工だって出られる時は出る，出られないときは出ない．Ｉ町には３つの生活研究グループがあるが，Ｔ地区生活研究グループは歴史が最も古く，年齢も70代から40代と幅が広い．他のグループは人数が多いが年代が同じで，格差とか序列とか反発とかあるようだ．反発があるのはクッションが無いからでＴ地区は年代が違うからクッションになり，いろいろな意見がある．会の運営には一方的な考え方ではだめで，天の声とか下からの突き上げの声とかあって考えがいろいろあるって気がつく．他のグループでは年寄りからいろいろ言われたくないから，嫁の世代だけにしたグループもある．今私達の年代が自由に行動出来るから，中心に運営できるが，年寄りは若い人と一緒にやるのが楽しいです．若い人とやると若くなるし，年齢を重ねて来た人から学ぶことは多い．自分の姑とはまた違う．生活研究グループに入ってみないかって誘われてやって来たけれど，大変ではあったが集まればそれなりに自分の励みになる．大変だと思うことはあるけれど，嫌だと思ったことはない．Ｕ氏は，Ｗ氏，Ｙ氏のように地元で生まれて地元で結婚したわけではないので，正直Ｔ地区の将来のこととかあまり考えてはいない．

　Ｕ氏は，隣町の出身で25歳で見合結婚し，結婚と同時に義父母と一緒に農業に従事しながら３人の子育てをしていた．同年代のＷ氏の誘いで生活研究グループに入会した．会の活動は家族の全面的な協力を得て，自らも明確な意思表示をして参加している．Ｕ氏は会員を対象にした講演会などに積極的に参加しているが，講演会に参加することで自己の視野の拡大につながり，それは自分の為になることだと言っている．また，Ｔ地区生活研究グループは歴史が古く様々な年代により構成されていることが良い．それは，いろいろな年代の人の考えを聞くことで気がつくことがあるからだと考えている．継続した中では大変だと思うことがあったが自分の励みになると考える一方，「Ｔ地区の将来のこととかあまり考えてはいない」などの考えにより，Ｕ氏の生活研究グループの活動は自己啓発の場として捉える．現在は会長職を務め，Ｗ氏，Ｙ氏と同年齢であり中心的存在と

して活躍している．

　生活研究グループの組織運営や企画を通してU氏の自己啓発の機会となっている．

＜W氏のライフヒストリーと生活研究グループ活動＞

　W氏は，1955年（昭和30）T地区の農家の長女として生まれる．その後妹が生まれる．家族は父母，祖父母，叔母夫婦の8人暮らし．全員基幹的農業従事者として働いていたが父親は体が弱く母親が父親の分まで働いていた．W氏は2人姉妹の長女であり，将来は後を継がなければならないということで農業高校に入学し，高校の教師の勧めで農業短期大学校で1年間勉強した．研修センター終了後は自宅の農業のほかT地区生産組合主催のきゅうり栽培5カ年計画に参加し，農業について1から学んだ．その後，田を借りて7-8年間水稲を行い，同時にピーマンの苗の栽培も行った．W氏は1979年（昭和54）に同地区出身の夫と結婚し5人の子どもに恵まれた．農業はW氏と夫が休日に行っており，耕作面積は田160a，農業機械は，トラクター，田植え機，コンバイン，乾燥機，脱穀機，除草機を使用している．W氏は1994年（平成6）からI町生活研究グループ連絡協議会で立ち上げた「農家レストラン」の店長として勤務している．現在はW氏の長女が結婚してW家の後を継いでいる．W氏の長女には2人の子どもが生まれ，W家はW氏の母と四女，五女と長女の家族で9人となっている．W氏の実母は86歳で，足が悪いため車いすの生活で介護を必要とするが，入浴の介助以外はほとんど自分ででき，介護は家族で行っている．農業はW氏夫婦，長女夫婦の4人が行うが全て休日などを利用した農業従事者である．耕作面積は田224aで，そのうち64aは農業委員からの斡旋で委託を受けたものである．田植え機，コンバインがあることで田植えは3日，稲刈りは4日でできる．炊事担当はW氏と長女である

　生活研究グループの入会は結婚数年後にO氏の誘いによるものである．30年間継続して活動している．

　「楽しいからやってこられた．だんだん年齢とともに夜に出るのが億劫だと思うようになってきたが，家から出て公民館に行けばみんなに会える，いろいろな話が聞ける．人の集まるところが好きだから．農家レストランをしているのでそんなに一所懸命は出られない．でも良い時間にとか，いい日にとか味噌の加工には出ている．T地区生活研究グループの魅力は，地区活動をしていること，安全

な食物を作りたいという人が入会する．加工所の味噌を販売しても家計の足しというところまでは行かない，お小遣い程度．企業として成り立ってくれればいいと思う．年度末にみんなでおいしいものを食べるのが楽しみだった．私達もお金があることはいいことだけど，細く長くという感じで，楽しく，長く続けるっていうのは安全な食べ物を提供するということ．夫は夜出かけるのを喜んで出してくれない．しかし，いろんなことを吸収していることは理解している．産直レストランの店長になる時もあまり賛成ではなかった．仕事をしたことが無い素人が飲食をやることを，"ええっ？"と驚き危ない感じで見ていた．そして，家の仕事が疎かになるんじゃないか，農作業が遅れてしまうのではないかという心配もあった．明日店にでると思えば前日に一生懸命頑張ってやるとか，みんなそうしてやってきた．だから時間の使い方が上手になった．長女は生活研究グループに入会することは考えていないようだ．今の若い人たちはグループ活動することは難しい．」

　生活研究グループは農家レストランをやるきっかけになり，今は自分のなかでの一番を占めている．そして，H市地方生活研究グループ連絡協議会の会長にもなり頭の中は農家レストラン，H市地方生活研究グループ連絡協議会の40周年記念行事ことで一杯である．

　W氏は，T地区で生まれ育ち妹と2人姉妹であったので将来は農業を継ぐということで農業短期大学校で1年間勉強した．同地区の夫と24歳の時に結婚しW氏の夫が婿入りした．夫は常勤で働いていたので結婚当初はW氏が基幹的農業従事者として働き，夫は休日に手伝っていた．W夫婦は5人の子どもに恵まれた．

　30年間継続してこられたのは楽しいからである．だんだん年齢とともに夜に出るのが億劫だと思うようになってきたが，家から出て公民館に行けばみんなに会える，いろいろな話が聞けるからである．W氏は週4日農家レストランの店長として勤務しており，これが自分のなかのほとんどを占めるまでになっている．店長になれたのは生活研究グループに参加していたからであり，食物の安全を考えて提供することがグループのメンバーに共通している．味噌加工は収入が少ないが，細く長く楽しくやって行きたい．

　店長になる時，家族は家事や農作業に影響するのではないかと賛成ではなかったが，店の仕事をやる時は他の仕事を一生懸命頑張ってやった．時間の使い方が上手になった．

　W氏は生活研究グループで立ち上げた農家レストランの運営を任され地域に安

全な食を提供したいと考えている．またH市地方生活研究グループ連絡協議会会長職を担い，他の生活研究グループとの交流により地域連携を強化していると考える．
生活研究グループの組織運営や経営がW氏のリーダーシップを発揮し自己実現を促進している．

＜Y氏のライフヒストリーと生活研究グループ活動＞

　Y氏は使用人を雇うようなT地区でも一，二番という農家の三女として生まれた．農業短大を卒業後 I 町に就職し（2006年市町村合併によりH市），25歳で同地区の農家の長男と結婚し，結婚後も仕事を継続している．家族はY氏夫婦と義母の3人でY氏夫婦に子どもはいない．夫は建設業の会社に勤め，農業は夫と義母が担当しY氏はほとんど農業を行うことはない．Y家の耕作面積は水田50a，畑10aで，炊事は義母とY氏の担当で一部を夫も担当している．生活研究グループには，義母や実家の母が入会していたことから結婚と同時に自ら入会した．実母は5年前（2005年）に退会したが，幼いころから生活研究グループで活動をしている母親の姿を見て育ち，その時の実母がとても楽しそうに出かけていたことが印象的であった．
　Y氏は主に生活研究グループの運営を担当している．入会後より普及センターが作成した活動日誌を400円で購入し毎年継続して記帳している．
　「メンバーには生まれた年代のカラーがあり，私達の年代は，地域の盆踊りしようとか，女性の社会活動もやれやれと追い風だった．国が方向づけて生産と生活を両立しなければと，指導されその対象としてモデル的にやらされた．生活研究グループの人達は，どこの県に行ってもどこのグループだって言えば10年前から知っていたみたいな気になる所がいい．似たような苦労や喜びを知っているか，教える人たちの意識がきちんとしていたから．しかし，今はほんとうに多様になった．活動も暮らし方も．だから共通の悩みとかを話すのは無くなっている．似た世代は話が合う．昔のように女性の社会進出とか，何かという概論のようなことは敬遠される．メンバーも減っているので会費の負担も高くなっている」
　加工所を立ち上げてから少しは収入があり，人件費を100円から300円くらい出せるようになった．補助事業がとれるように普及センターに話をしておくと，情報提供してくれる．実母はT地区3代目の婦人部長に就任したが，その時に

「T地区の女は助け合っていかねばだめだ」という初代の婦人部長の考えを踏襲した．その考えから，生活研究グループのメンバーが体調不良で辞めたいと言った時に「良くなったら出てくればいい，繋がっていなければだめだ」と言ったのを記憶しているという．また，実母は1975年頃から民生委員を務めたが，ずいぶんな決心が要ったようである．その時に実母がT地区のなかの女性達は「いままではだめだ」って，思ったという．いつまでも旦那さんのご機嫌伺いだけしていてはいけないということを教えてくれた．

　2007年（平成19）に地区の公民館を建て替える際に加工所を併設し，T地区生活研究グループの有志を募り味噌加工を行い販売するようにした．この加工所になってからは働いた分の収入が個人に入るが，生活研究グループの活動だけでは個人の収入は無かった．技術とか情報の獲得が前提で，製造許可をもらっているわけではなかったから本格的には売れなかった．漬物は許可が無くてもいいけど納豆は許可が必要である．だから年1回温泉に行くくらいしか収入がなかった．自分たちの活動が種を蒔くように将来は花が咲いてくれたらいいと考えている．

　Y氏は実母と義母が生活研究グループで活動していたことから，結婚後自ら自然に入会している．実母が生活研究グループの立ち上げの時から入会し，地区の婦人部長を務めたり民生委員に推薦されるような方であった．Y氏は母親の「T地区の女性は助け合うこと」，「男性の機嫌を伺うばかりの女性ではだめ」といったことをよく覚えている．この言葉や実母の姿勢がY氏の活動の基盤になっていると考える．生活改良普及員や農業普及センターとの連絡などを密にとり，補助金や助成金の獲得を行い，生活研究グループの運営を積極的に行っている．常に全体を統括しT地区生活研究グループの活動と，T地区の行政との関係性を保ちつつ次世代への継承を視野に入れた活動を展開している．

　生活研究グループの活動を通して地域との連携を強化し，次世代へ継承するという目標を持って自己実現を促進している．

4-2）　生活研究グループ活動がもたらす個々の農家女性の生きがい

　前節ではT地区生活研究グループに所属し活動している農家女性一人ひとりの活動の経過を述べ要約した．ここでは，その要約から，生きがいの定義のなかで設定した3つの次元，「自己の価値観」，「自己の意欲・積極性」，「自己の充実感・満足感・存在感」が生活研究グループ活動でどのようにもたらされているか

表6-22 生活研究グループ活動がもたらす生きがいの比較

氏名 \ 次元	自己の価値観	自己の意欲・積極性	自己の充足感・満足感・存在感
M氏	何かやりたい	ひ孫が就職するのを見届けるまで漬物で頑張りたい	漬物を作ることが生きがい、人生のなかで今が一番いい時間
O氏	向学心	設立当時から参加し積極的に活動を継続	習得した技術により自宅で漬物加工を行い産地直売所などで販売、仲間から期待される存在
R氏	人とのつながり	今まで以上に積極的に行いたい	活動による人との交流
S氏	向学心	元気なうちは続けたい	メンバーと会える楽しさ
U氏	自己の視野の拡大	講演会などに積極的に参加	自分の励み
W氏	安全な食物の提供	細く長く楽しくやって行きたい	レストラン経営は自分のなかのほとんどを占める
Y氏	地域の連携	生活研究グループ運営を積極的に行っている	次世代への継承を考え中心的存在

考察する（表6-22）.

まず「自己の価値観」であるが，M氏は「誰もが一生のうち何かやりたいっていう目的を持って生まれてくる」という考えを持ち自らの強い意思で入会している．従ってM氏の価値観は【何かやりたい】と捉えた．O氏は「何か作ることが好き」ということが前提にあり，生活研究グループ発足時に自分の意思で入会している．活動開始後，他のグループの交流により自分が作れない漬物などをご馳走になると，「この味を覚えたい，勉強したい」という向学心が芽生え，半世紀に渡り継続していることからO氏の価値観を【向学心】と捉えた．一方，S氏の場合もO氏の価値観と同様に【向学心】と捉えたが，O氏との違いは入会動機である．S氏は近所の会員から誘われて入会し，O氏のように「何か作りたい」という気持ちを持って入会したわけではない．しかし，生活研究グループの活動を通して「自分ができないものを作りたい」という気持ちが芽生え，【向学心】と

いう価値観が明確にされた．

　R氏はS氏と同様に近所の会員から誘われて入会している．入会後も「何か作りたい」というような考えを前面に出してはいない．R氏はH市からT地区に嫁に来た当時，元生活研究メンバーで，親戚筋の方（Y氏の実母）から受けた恩義を忘れられないという．その方を大変尊敬しており，生活研究グループの活動はR氏にとって仲間とのつながりを感じる場であったのではないだろうか．そのことは，現在会社勤めを退職したことにより「今まで以上に活動を積極的にしたい」という考えからも推測できる．従ってR氏の価値観を【人とのつながり】と捉えた．

　次にU氏であるが，U氏はW氏に誘われて入会し，現在はI町生活研究グループ連絡協議会の会長を務めている．入会していると講演会などの誘いが多くU氏は積極的に参加し会員にも勧めている．U氏は様々な方の意見や考えを知ることにより【自己の視野の拡大】につながるという価値観で行動している．

　また，W氏はO氏から誘われて入会している．W氏はT地区で生まれ育ち，W家を継承しているが実母が生活研究グループで活動した記憶が無く，「農業で忙しかったから」と話している．現在はI町生活研究グループ連絡協議会で運営する農家レストランの店長を務め【安全な食物の提供】をしたいという価値観を持って積極的に活動を継続している．

　最後にY氏であるが，Y氏は実母と義母が入会していたことから"結婚したら入るもの"，という認識をもち自ら入会している．自分から入会しているという点においてはM氏，O氏と共通しているが"何かやりたい"，"何か作りたい"という気持ちがあったわけではない．Y氏の実母がT地区の婦人部会長を担っていたことや，生活研究グループの会長を務めるなどリーダーとして活躍していたことがY氏の価値観に大きな影響を及ぼしていると考える．つまり，実母の「T地区の女性は助け合わなければない」という考えを基盤とした【地域の連携】がY氏の価値観と捉えた．

　2番目の次元は，「自己の意欲・積極性」である．7名とも生活研究グループ活動を今後も継続したいと考えている．活動の内容を見るとM氏は生活研究グループで獲得した漬物の技術をもとに【漬物で頑張りたい】と非常に意欲的である．O氏は同じように漬物を加工販売しているが，【グループ活動にも積極的】に参加している．また，会社を定年退職したR氏の場合も同じように【グループ活動を今まで以上に積極的に行いたい】と考えている．S氏，W氏は【元気なう

ちは続けたい】,【細く長く続けたい】という．U氏は生活研究グループに入る情報のなかで【講演会の誘いなどに積極的】に参加し，そのなかで自己成長の機会を得ている．また，Y氏は常勤として勤務しているが，社会や地域の変化に応じて全体を俯瞰しながら【グループ運営を積極的】に行っている．

　3番目の次元として，「自己の充実感・満足感・存在感」をとりあげる．M氏は生活研究グループで得た漬物加工の技術力によって漬物を商品として販売するに至っている．商品の需要があるという社会的評価がM氏の創作意欲を掻き立てている．M氏は夫の介護や自身の病気，長男の死を経験し，【何かやりたい】という考えを持ちながらも思うようにできなかった時期があった．しかし，現在は全ての時間を自分の思うように使うことができ，【今が人生で一番いい時間，漬物が生きがい】と自己の充実感を得ている．

　O氏も漬物加工の技術を活用し商品として販売しているが，O氏の夫は現在も健康で畜産の仕事をし，結婚後60年間一緒に農業経営を担ってきた．現在はO氏の長男が専業農家として経営を担っている．また，O氏は家族の介護を長期間担った経験もなく【生活研究グループの活動には積極的に参加し，メンバーからも期待される存在】である．

　R氏，S氏は，入会当時は二人とも育児をしながら生活研究グループに参加していたが，子どもが大きくなり農外就労として常勤で働くようになった．しかし，退会せずに休日に出来る範囲で参加し活動を継続してきたのは【メンバーとの交流】ができるからである．R家，S家の農業経営規模は小さく両家の夫は建築業の会社で常勤として働いていたが，両家とも現金収入が必要であったことから勤めに出た．S氏は，常勤になってからは仕事と自宅の往復になって，地域の人々との交流が少なくなったこともあり，生活研究グループの継続は自己の存在を確認できる場でもあったと考える．

　U氏は生活研究グループメンバーのなかでは年齢も若く，農外就労としてパートで勤務しており，勤務は自分の都合に合わせて調整できる職場環境にある．自己裁量での勤務が可能であるため，他の生活研究メンバーに比較し時間の確保がしやすいことから役職を担うことが多い．T地区生活研究グループは，岩手県生活研究グループ連絡協議会やH市生活研究グループ連絡協議会にも加入しており，連絡協議会では会員を対象にした講演会などを企画し，会員への参加を呼び掛けている．生活研究グループに入会していることにより講演会の案内など情報が入りやすく，U氏は，このような講演会に積極的に参加している．それは，参

加することにより自分がいろいろと考える機会となり，そのことが視野の拡大につながり【自分の励み】としている．

　W氏は，I町生活研究グループ連絡協議会で運営する農家レストランの店長を務め，このレストランは地域住民からの期待が大きい．W氏にとって【農家レストランは自分のほとんどを占める】存在となっている．また現在はH市地方生活研究グループ連絡協議会会長職を担い，次年度の40周年記念大会の計画中である．T地区生活研究グループの活動から発展した農家レストラン経営と会長職などによりその存在は周囲が認めており，それがW氏に充実感をもたらしている．

　Y氏はT地区生活研究グループ発足時に実母が入会し，実母の活動経過を目の当たりにし，幼い時から生活研究グループに関する認識を持っていた．また，短大卒業後はH市で地方公務員として勤務していることもあり生活研究グループに関する知識や情報量が多く，国の施策や方針を上手に活用し，現在の活動が将来的に花開くことを願い【次世代への継承】を考えたグループ運営の中心的存在である．

4-3) 世代別にみた生きがいの特徴

　ここでの世代区分は，70代の昭和一桁世代，60代の団塊の世代，それ以降の50代の3世代としたが，対象者7名のなかで昭和一桁世代がM氏，O氏の2名，団塊の世代がR氏，S氏の2名，50代がU氏，W氏，Y氏の3名である．

　まず，M氏，O氏は両氏とも1951年（昭和26）に18歳で結婚し，1963年（昭和38）T地区生活研究グループ発足時に入会した．本書の第6章第2節において，T地区16戸の農家を対象にT地区における農業経営と家族役割の変化について論じたが，対象となった人数は男性30人，女性36人であった．36人の女性のなかで既婚者は26名であり初婚年齢の平均は22.4歳であった．年齢別では18歳で結婚した女性が8名と最も多く約3分の1を占めており，M氏，O氏もその中に含まれている．両氏は結婚と同時に農業と家事を担当し，「正直，家のなかに居る時間は無かった」というO氏のことばから，1950年代における農業経営では農家の嫁は労働力として期待されていたことが伺える．天野が，「第二次世界大戦後，農地改革が実施され，地主と小作という関係はなくなったが，戦後の食糧難の解消のために厳しい『供出』が課せられ，農家の生活は依然として貧しかった．『農家の若妻』とは，その貧しさと貧しさの中で歪められた人の欲望や価値観や人間関係の中で，『耐えつづけている』人の代名詞であることに

変わりはなかった（天野 2001：7）」と述べている．M氏，O氏が結婚した1951年は農地改革が実施されたものの農家の生活は貧しく「耐えてきた」世代である．この時代の農業経営は，大型機械の導入はみられず全て手作業であり農家女性の負担は大きかった．その中で，1963年（昭和38）T地区に生活研究グループが発足した時，両氏は自らの意思で入会した．

　岩手県における生活改善普及事業については既に第3章の第2節で論じているが，岩手県では生活改善普及事業を開始した1950年代は「貧しさからの脱却」を指導目標に設定している．この時期には，T地区生活研究グループは発足していなかったが，M氏，O氏はこの貧しさの中で日々農業経営や子育ての日々を送っていた世代である．このような生活のなかで，両氏はT地区に生活研究グループが発足した時に「何かやりたい」という強い気持ちで入会したと考える．そして，両氏は生活改善課題における「食生活」で，特に漬物加工の技術習得に意欲的であった．毎日毎日農作業と家事遂行のなかで，月に1度でも自分の自由になる時間が確保できたことが両氏にとって充実感をもたらしたと考える．さらに，生活改良普及員の講演から「女の人も小遣いを持たないとだめなんだ」という認識を持つに至り，現在は習得した漬物加工の技術により産地直売所や土曜市で加工品を販売するに至っている．

　両氏は【何かやりたい】，【勉強をしたい】という価値観をもち「自ら参加した」という自発性のある行為が基盤にあると考える．

　本書第4章の農家女性に対する普及活動において，岩手県の生活改良普及員を対象とした調査結果について論述した．生活改善普及事業における普及活動を担った5名の生活改良普及員を対象に，普及活動内容や生活改良普及員からみた農家女性について聞き取りを行った．聞き取り内容は逐語録に起こしデータとし，その中から普及活動の影響による農家女性の変化を表している文脈を抽出しカテゴリーを抽出した（表4-2）．

　生活改良普及員からみた生活研究グループに参加し活動している農家女性として「自己肯定感」，「積極性」，「経済力」，「人とのつながり」，「技術力」，「統合力」，「活力」，「社会的評価」の8カテゴリーを導いた．M氏，O氏は生活研究グループ活動において「技術力」を習得したことが両氏の自己実現を促進したと考える．また，この「技術力」は「経済力」や「社会的評価」にも繋がり，貧しく「耐え続ける存在」であった嫁の立場の農家女性に「自己肯定感」をもたらしたと考える．

次に，団塊の世代とした60代のR氏，S氏である．R氏は，高校卒業後会社に勤め結婚後も勤務を継続していたが，子どもが生まれて一時退職し子どもに手がかからなくなってから再び会社勤めをしている．S氏は，中学校卒業後から農業経営を手伝い結婚後も農業に従事していたが，R氏と同様に子どもの手が離れるようになってから介護士として農外就労に従事している．結婚年齢はそれぞれ28歳と23歳であるが，結婚当初より両氏の夫は建設業に従事する兼業農家である．両家の農業経営規模は小さかったが，1990年代は大型機械の導入をしており，田植え機やコンバインの購入など農業収入だけでは賄うことができなかった．70代のM氏，O氏と60代のR氏，S氏との大きな違いは，農外就労しながら生活研究グループの活動を継続しているという点である．ここでは第6章第2節のT地区における農業経営と家族役割の変化の結果と比較して考察する．専業兼業別農家数をみると1955年は75％が専業農家で，25％が第2種兼業農家であった．しかし，1975年には専業農家が25％に減少し，第2種兼業農家が69％に増加した．この結果から，1955年から20年間で専業農家と第2種兼業農家の割合が逆転していることを確認した．R家，S家も1975年時は第2種兼業農家に分類されているが，T地区全体の傾向として農外就労の割合が高くなっている．このことは，本書第2章の戦後日本の農業と農家，第1節農業経営で論述した，高度経済成長期以降の兼業化の要因から確認できる．その要因を2つあげ，第1は農家内の余剰労働力，第2は農家の現金収入稼得の必要性である．また，同章の第2節農家生活と農家成員における農家生活の変化として，熊谷論文の生活時間の変化について言及した．その中で農業の機械化前後の生活時間調査の比較から農外就労時間の顕著な増加がみられたこと，農外就労は家事時間を除いた労働時間の1/2を占めるようになったこと，そしてこの傾向は機械化以降性別を問わずどの年齢層にもみられるようになったことである．これらの結果と同様に，R家，S家は農業経営規模が小さいこともあるが，高度経済成長期以降の余剰労働力の増加を背景として農外就労に就いた世代であると考えることができる．

　R氏は，自らの意志で入会したわけではなかったが農外就労と，農業経営，家事を担いながら生活研究グループの活動を継続する中で，【人とのつながり】に価値観を見いだすに至った．これは，T地区生活研究グループの方針が「T地区の女性は繋がっていること」という初代のT地区婦人部長の考えが引き継がれており，農外就労に着いたあとも「出られる時に出ればよい」というグループの方針が大きく影響していると考える．そして，R氏は会社を退職した現在「今まで

以上に積極的に活動したい」と考えている．S氏も入会は自らの意志ではなかったが，生活研究グループの活動のなかで，おいしい漬物を作りたいという【向学心】に価値観を見いだしていった．両氏に共通していることは，生活研究グループに入会してから個々の価値観が明確にされた点である．

　最後に50代のU氏，W氏，Y氏である．3人に共通しているのは年齢が全員同じであるということである．W氏，Y氏はT地区で生まれ育ち現在も親友関係にある．50代の3氏は全員が高校を卒業し，その後W氏は農業研修所，Y氏は農業短大に進学している．U氏，Y氏は卒業後勤めに出ており，U氏は結婚と同時に仕事を辞め舅姑と3人で農業経営を担い，子どもが成長した現在はパートで事務職として働いている．Y氏は短大卒業後から現在まで常勤として仕事を継続している．U氏，W氏のT地区生活研究グループへの入会は，グループメンバーから誘われたからである．U氏は，「姑の時代は"行っていいですか？"という時代であったが，自分は"行ってきます"と言って参加した」と言う．Y氏は自らの意思で入会しているが，積極的に「何かやりたい」という価値観を持っていたわけではい．W氏，Y氏は入会当時は20代後半で，U氏は30代前半とほぼ同時期に入会し，約30年継続している．入会当時はY氏の実母や義母，M氏，O氏ら母親世代を頼りに活動に参加していた．現在は50代の3氏が会の中心となり運営を担っているが，今でも3氏はM氏を「校長先生」と尊敬し活動を継続している．U氏は「会の運営は一方的な考え方ではだめで，年配の方や若い方の考えがいろいろあると気がつく．他のグループでは年寄りから色々言われたくないから，嫁の世代だけにしたグループもある．今私達の年代が自由に行動出来るから，中心に運営できるが，年寄りは若い人と一緒にやるのが楽しい．若い人とやると若くなるし，年齢を重ねて来た人から学ぶことは多い．自分の姑とはまた違う」と，会の運営には様々な年代の存在が必要であることを強調している．

　3氏が入会した当時は納豆作りが主であったが，1985年（昭和60）より漬物加工を行うようになり，1987年（昭和62）からは漬物の加工販売も行っている．このような活動が評価され1989年（平成元）に，「岩手県活動奨励賞」を受賞した．この受賞までに設立から36年が経過しているが，この受賞の原動力は現在50代である3氏であると考える．また3氏はT地区以外の生活研究協議会などの交流や企画運営に積極的に関わり活動を継続している．

　Y氏の聞き取りから，「メンバーには生まれた年代のカラーがあり，私達の年代は女性の社会活動もやれやれと追い風だった．国が方向づけて生産と生活を両

立しなければと，指導されその対象としてモデル的にやらされた」という年代の特徴が見えてくる．Y氏らが生活研究グループに入会して間もない1980年代～1990年代は，21世紀を見据えた国の方針によって女性の社会進出が促進されていく時代であった．1992年（平成4）農林水産省は「2001年に向けて——新しい農山漁村の女性（農山漁村の女性に関する中・長期ビジョン懇談会報告）」のなかで，21世紀における農山漁村女性の望ましいライフスタイルを提案し，以下の課題をあげている．
　①あらゆる場における意識と行動の変革
　②経済的地位の向上と就業条件・就業環境の整備
　③女性が住みやすく活動しやすい環境づくり
　④能力の向上と多様な能力開発システムの整備
　⑤「ビジョン」を受け止め実行できる体制の整備
　この内④の課題に対応する取り組みとして，女性が地域資源をいかしたレストランや農業加工に主体的に取り組む活動を，女性起業として支援することが位置づけられたのである（宮城 2001：8-9）．

政府の提案を追い風に，T地区生活研究グループが加入するI町生活研究グループ連絡協議会でも1994年（平成6）にレストラン経営に参加した．W氏はこのレストランの店長として経営することとなったが，これには「素人には無理」と家族の反対があった．今でも生活研究グループの活動には積極的に協力しているとは言えないようである．しかし，W氏は農業経営や家事に支障のないように調整しながらレストランの経営を担い，H市地方生活研究グループ連絡協議会の会長職にも就いている．W氏は「レストラン経営は自分のなかのほとんどを占める」と充実感が伺える．

T地区生活研究グループメンバー7名について，ここまでみてきた世代ごとの生きがいの特徴をまとめてみる．昭和　桁生まれの70代のメンバー2名はこれまで1度も農外就労に就いたことがない．自分が目指す職業がありながらも親の指示のもとに18歳で農家の嫁になった世代である．この世代は，親が決めた結婚に従わない場合は実家の敷居をまたぐことは許されなかった．農業経営と家事の日々のなかで，自分で自由に使えるお金が無く小遣いを得るために開墾工事の日雇いに出ていた．このような生活のなかで，以前から持っていた【何かやりたい】という価値観が生活研究グループの活動により押し出されてきた．

次に60代について述べる．戦後日本の経済成長は，通常1955年（昭和30）

に始まったとされており（吉川，宮川 2009），とくに 1960（昭和 35）年から 1970（昭和 45）年の 10 年間がいわゆる高度経済成長を遂げたと言われた時期である（布川 2006）．おりしも 60 代の世代は高校卒業時が 1960 年代であり，日本の高度経済成長の時期と重なった世代である．労働力の需要と供給が急増したことにより卒業と同時に就職し，さらに子育てが一段落した後に農外就労に就いた世代である．結婚後は農業経営と家事を担う中で，生活研究グループへの入会を促す明らかな価値観があったわけではない．しかし，生活研究グループ活動を継続する中で【人とのつながり】や【向学心】という価値観が醸成された．この世代は農外就労に就くのは一般的になっており，70 代に比較すると経済的には恵まれており，職業選択もある程度自由にできる世代である．容易に農外就労に就くことができたが，これは地域の人々との交流を減少させることになった．農外就労に就き，地域の人々との交流が少なくなったなかで，生活研究グループの活動を通して【人とつながり】が生まれたと考える．

さらに，50 代は，高校，短大卒業と学歴も高い世代であり，卒業と同時に就職した世代である．また，「女性の社会活動もやれやれと追い風だった」という聞き取りから，政府の施策としても「男女共同参画基本法」制定などにより，農家女性の活動が後押しされた世代である．50 代の 3 人のメンバーも生活研究グループへの入会に明らかな自己の価値観が明確にあったわけではない．生活研究グループの活動を通して自己の価値観が醸成され，この点は 60 代のメンバーと同様である．しかし，50 代のメンバーそれぞれの価値観に，共通点を見出すことはできない．先に述べたように，50 代は 21 世紀における農山漁村女性の望ましいライフスタイルとして提案された政府の施策の後押しが，それぞれの価値観の醸成に影響を及ぼしていったと考えられる．政府の施策に基づき各県ごとで企画された講演会などが，50 代の農家女性の意識と行動に変革をもたらし，【自己の視野の拡大】という価値観が生まれた．また，レストランや農産物加工に主体的に取り組む活動の支援が打ち出されたことによって，レストラン経営のなかで【安全な食物の提供】という価値観が醸成された．国の提言の関与のほかに，「T 地区の女性は繋がっていること」という考えを踏襲し，【地域との連携】という価値観が生まれている．以上，50 代は政府の施策が影響していることについて述べたが，50 代に注目される点は，活動を継続する中でそれぞれが固有の価値観を醸成しているという特徴である．

注

3) 岩手県における婦人の組織活動は，岩手県地域婦人団体協議会，岩手県農協婦人組織協議会，岩手県漁協婦人部連絡協議会，岩手県商工会婦人部連合会，岩手県母子福祉協議会，岩手県生活改善実行グループ連絡研究会がある．これらの組織活動のなかで，最も早い時期に活動を開始したのは岩手県地域婦人団体協議会であり，前身は愛国婦人会，大日本連合婦人会，大日本国防婦人会が統合され1942年（昭和17）に結成された大日本婦人会である．この大日本婦人会は，終戦後の1945年（昭和20）8月に解散した．1948年（昭和23）頃から地域を基盤とした新しい婦人会が生まれ，1949年（昭和24）社会教育法の公布によって，地域婦人団体が位置づけられ，郡，市に婦人団体が結成されるようになった．1953年（昭和28年）盛岡市において岩手県婦人団体連絡協議会が結成された．この連絡協議会への加入は県下の16郡市であり，結成の目的は，岩手県内婦人団体の連絡強調を図り，婦人の地位向上と，地域社会の発展に寄与することである．その後1965年（昭和40）に名称を岩手県地域婦人団体協議会と改めた（岩手県地域婦人団体協議会1981「岩手県地域婦人団体協議会―地位の向上と地域社会の発展を目指して―」（岩手県企画調整部青少年婦人課編『岩手の婦人』岩手県367-369）．

　T地区においても婦人会が組織され各戸より女性が参加し結成されていた．T地区は1951年（昭和26）に公民館が設置されたことにより村社会教育委員を母体として公民館組織が設置された．組織体制は，館長・主事・総務部長・社会部長・書記で構成され，運営については，集落内の各組織の代表者からなる運営審議委員会を設置し連携強調を図った．運営審議委員会の中に婦人会が含まれていた．その後組織の改編が行われ1972年（昭和47）より婦人会は「婦人部」として組織され現在に至っている（2006，T地区公民館落成記念誌古住今来12-28）

第7章　農家女性はどのように生きがいを築き上げたのか

　本章では，第1章から第6章の結果を踏まえて，本論文で提示した生きがいの構造に照らし合わせて農家女性の生きがいについて論じる．

第1節　あらためて生きがいの定義と構造について

　本論文の第1章で，「生きがいの定義を求めて」で既に論じた生きがいの定義と構造について確認する．生きがいをテーマとした著書や論文の内容分析を通して，以下の生きがいの要素を導き，これらの要素から生きがいの定義を設定した．

1．生きがいの要素

　生きがいは人生でもっとも大切なものであり，一人ひとりの未来にむけた自己実現の要求過程である．この自己実現の要求過程の根底には，人生に対する「自己の価値観」が存在する．そしてこれは「個性的」で自分にぴったりしたものである．この「自己の価値観」と「個性的」という2つの要素は，「生きる意欲」や「自発性のある行為」につながり，その結果「充実感」や「存在感」をもたらし自己実現の可能性を強化していくと捉えた．この「自己の価値観」，「個性的」，「生きる意欲」，「自発性のある行為」，「充実感」および「存在感」の要素をもとに本研究では生きがいを以下のように定義した．

2．本研究における生きがいの定義

　生きがいとは，自己の価値観に基づく自発性のある行為を基盤とし，個性的で自分らしい性質を持つ．さらに，この行為は生きる充実感と存在感をもたらし，個人の自己実現の要求を充足させる．この自己実現の要求過程を生きがいと定義した．

第2節　T地区生活研究グループ農家女性の生きがい

　第6章において，岩手県T地区を事例に農家女性のグループ活動と生きがいについて論じた．具体的には，第3節のなかで「表6-22　生活研究グループ活動

がもたらす生きがいの比較」として，7名の農家女性の生活研究グループ活動がもたらす生きがいについて，自己の人生に対する考えを表す「自己の価値観」，行動する気持ちを表す「自己の意欲・積極性」，精神面の充足感を表す「自己の充足感・満足感・存在感」の3つの側面から論じた．

　本節では，これまで明らかにしてきた岩手県の生活改善普及事業，T地区生活研究グループ活動の経過，T地区の農業経営と家族役割の変化との関係を踏まえて農家女性の生きがいを論じる．

1．農家女性の生きがいの様相

　ここでは，第1章で提示した本研究における生きがいの定義に照らし合わせて，T地区生活研究グループの農家女性の生きがいについて考察する．

1-1)　自己の価値観

　わが国の生活改善普及事業は，1948年（昭和23）に制定された「農業改良助長法」にもとづき，農業技術の改良や経営の合理化をめざす農業改良普及事業と，生活改善普及事業を実施することになった．この「農業改良助長法」に基づき農林省内に農業改良局が設けられ，普及課，展示課，生活改善課の3つの課が設置された．生活改善課の設置により，生活改善普及事業が展開された．この普及事業の目的は「農山漁村民に生活の改善に必要な知識や技術を指導普及し，農山漁村民（とくに女性）自らが問題を発見して実行できるようにすることであると位置づけられた」（田中 2011）．

　生活改善課によって打ち出された方針のもとに，岩手県では「生活改善課題」（第3章　表3-1）を設定し，同時に生活改良普及員の養成と生活研究グループの発足に力を注いでいくこととなった．T地区では，1963年（昭和38）に地区の農家女性の有志10名により生活研究グループが発足し，生活改良普及員の指導のもとに農閑期に自家用の納豆や「金婚漬」という漬物を製造した．

　岩手県における「生活改善課題の歴史（表3-1)」（笹田 1995）をみると，1950年代は「貧しさからの脱却」が課題であり，活動方式は個別指導によるものであった．1950年（昭和25）に生活改良普及員は5名であったが，翌1951年（昭和26）に15名に増員された．そしてこの年，各郡一部落ずつ生産改善指定部落が設けられた．生産改善指定部落は，定例日を設けて学習の機会として改善資金捻出のため1日米一握り運動，苗代貯金，頼母子講[1]などが盛んになり，主婦自ら

の手で，改良かまど，井戸，保存食，改良作業衣などが生活のなかにとりいれられた．こうした生産改善指定部落の活動が，周囲にも良い影響を与え[2]，グループ誕生の重要な一役を担い，活動当初は 13 グループであったものが，1961 年（昭和 36）には 300 グループに増加していった（岩手県 a　1968：21）．

　T 地区生活研究グループの発足は 1963 年（昭和 38），おりしも生活研究グループが急増していった時代である．この時代は，当初の「貧しさからの脱却」の課題から，1959 年～1970 年（昭和 34～45）は「高度成長下の対応」が課題となっている．岩手県の報告では，この課題の背景として，目覚ましい高度成長に伴う若年労働者の他産業への流出，消費増大に伴う兼業化の進行をあげている．しかし，筆者が本論文第 2 章「戦後日本の農業と農家」の中で論じたように，高度経済成長期以降の兼業化の要因は，農外産業に於ける就労機会が増加したことや，農家においては新たな余剰労働力が生じたこと，現金収入稼得の必要性が生じたことと捉えている．高度経済成長により若年労働者ばかりでなく，世帯の中心男性も農外収入を求めて勤めに出ることとなった．それまで世帯の中心男性が担っていた農作業は，1960 年代以降高齢者と女性がそれぞれ担うことになったことを述べた．

　農家女性の農作業と家事労働という負担を軽減するために，「共同化」が活動のテーマとなった．この課題に呼応して，グループ育成のあり方も検討され，共通生活基盤の課題を有する 300 戸前後の地域の広がりで，濃密に指導を展開するという「地域濃密指導の方式」がとられた（岩手県 b　1973：28）．この「共同化」の最も特徴的なものが共同炊事であり，205 カ所で実施された（岩手県 a　1968：25）．T 地区生活研究グループでは，生活改良普及員により保存食の指導を受けたが，この時期は生活研究グループが増加したこともあり他のグループとの交流の機会が設けられ，そこでお互いの農産物加工技術に関する情報交換を行っていった．このような交流は，この時期の活動方式がそれまでの個別指導からグループ指導としたことによるものであると考えられる．グループ間の交流についてO氏が，「自分の知らないことを覚えたい，勉強したいと色々な所に出かけて行った」と語り，生活研究グループ活動は，それまで自己のなかに封じ込めていた農家女性の【何かやりたい】という価値観を明確にし，さらに新たな【向学心】を生み出したのである．そしてこれらの価値観は農家女性の創造力や経済力に大きな影響を与えた．

　T 地区生活研究グループは，地区の婦人会[3]の有志が集まって結成された自主

的なグループである．生活研究グループの指導は生活改良普及員によって行われ，グループ結成当初は「金婚漬」という漬物の作り方を学び農産物加工の方法を習得した．上述のように，この当時は生活研究グループの交流が盛んに行われ，交流の場ではそれぞれのグループで製造した農産加工品を持ち寄り，お互いにその製造方法について情報交換し，【人とのつながり】を拡大させる機会となった．農家女性は，情報を得ることでさらに「おいしいものを作りたい」と工夫を重ねていった．農家女性の創造力や経済力への影響を最も明示的に示しているのがM氏の「きざみ漬」である．T地区生活研究グループで製造している「金婚漬」は，ウリのなかに昆布で巻いた野菜を詰めて醤油で味付けするものである．しかし，これは材料に昆布を使用していることから，夏期は傷みが早いため保存ができないため製造は冬期に限定されていた．そこでM氏は，年間を通して製造できるようにアレンジした結果，「きざみ漬」を考案した（表7-1）．M氏の「きざみ漬」を例に，農家女性が自分で考え創造する力をつけていったことが伺える．この考える力や創造力が商品価値を生み出し経済力につながった．つまり，農家女性は生活研究グループの交流を通して，多くの情報を獲得し市場に提供できる商品を生み出したのである．生活研究グループ入会時に「小遣いが欲しかった」という農家女性は，市場に提供できる商品製造により，自分で自由に使える現金を得るに至ったのである．農家女性にとって自分で自由に使える収入源があることは意義がある．このことを鴛が「たとえわずかでも自分で自由になるお金ができたことで，農村女性たちは大きな精神の自由，行動の自由，自分に対する自信を獲得していった」と述べている（鴛 2014：241）．すなわち，農産物を加工して販売するという体験が，自己の主体性を発揮できる場の確保となり，それが社会的に評価されたことで自分に対する自信の獲得へと繋がったと捉えることができる．

　ひとの価値観は，ある日突然に表れるようなものでなく，個々人の家庭環境や社会環境さらに自己を取り巻く様々な人々のかかわりが影響する．しかし，ここで重要なことは自分にぴったりするものを主体的に選んでいるという事実が存在することである．おそらく，この価値観が自分にぴったりしたものでなければ自己実現の充足には至らないであろう．

　1980年代〜1990年代は，政府の方針によって女性の社会進出が促進されていく時代となった．21世紀における農山漁村女性の望ましいライフスタイルとして「能力の向上と多様な能力開発システムの整備」が提案され，女性が地域資源

を活かしたレストランや農産物の加工に主体的に取り組む活動を，女性起業として支援することが位置づけられた．この提案は当時の時代的状況もその背景にある．その1つは，男女共同参画社会の実現に向けた女性たちの運動であり，2つめは，農業・農村をめぐる厳しい環境のなかでの地域活性化のための打開策を求める機運，3つめは社会全体が真の豊かさとは何かを問いはじめたことである（岩崎2001：8）．これらの流れを受け，I町生活研究グループ連絡協議会でも，農家レストランの経営に着手することとなった．農家レストランはI町の中心地にある産地直売所（以下産直）に隣接されており，この産直は年々売り上げを拡大している．産直の客が増えたことにより農家レストランの経営にも影響し，多様な客の要望に応えることが求められた．そのなかで，地場産物を活用した材料で【安全な食物の提供】をしたいという価値観が醸成された．この価値観が生まれた背景には，政府の方針によって位置づけられた，望ましい21世紀における農山漁村女性のライフスタイルとして，女性起業への支援があげられる．

　さらに，農家女性にとってレストラン経営は未知の世界であり，事業の失敗も懸念されたが，生活研究グループの仲間同士の後押しによりレストラン経営を決断したことが背景としてあげられる．このレストランは，産地直売所に併設されI町産直友の会により経営されている．友の会では「学校給食を通じて安全かつ安心な野菜など地場農産物の提供と，子どもたちとの交流によりI町の農業を伝承する」ということを目的に，地場産品を学校給食に提供していた（関2009：78）．レストラン経営を担う農家女性は，レストラン経営に参加することで学校給食への安全な食の提供を考える立場となっていった．加えて，レストランは多様な客のニーズがあり，そのニーズにも対応できるような経営により【安全な食物の提供】という価値観につながったと考える．

　前述のように，1980年代～1990年代は，政府の方針によって女性の社会進出が促進されていく時代であり，国の施策に基づき各県ごとに講演会なども企画された．このような講演会への参加は，農家女性の意識と行動に変革をもたらし【自己の視野の拡大】という価値観が醸成された．

　最後に【地域の連携】という価値観について論じる．T地区生活研究グループが発足した当時のT地区婦人会長は「T地区の女性は繋がっていること」という考えを持っていた．初代T地区生活研究グループの会長であるY氏の実母は，その考えを踏襲し生活研究グループの活動に取り入れていた．「繋がる」とは，「舅や夫の補助者として農作業を担うだけの生き方だけではなく，地域社会に広く視

表 7-1　M氏のきざみ漬レシピ

【きざみ漬作り方（100g 袋 80 個分）】

材料：人参 3kg・大根 3kg・きゅうり 2kg（塩漬け済み）・ウリ 2kg（塩漬け済み）・昆布 500g　刻み唐辛子小さじ 4 杯
味付け調味料：醤油 1 升　ザラメ砂糖 1kg　白砂糖 1kg　みりん 30-40g　もろみ 75g　酒 75g

> ステップ 1：きゅうりとウリの塩漬け
> ステップ 2：にんじん・ごぼうの下味つけ
> ステップ 3：にんじん・ごぼう・きゅうり・ウリ・昆布のきざみ
> ステップ 4：材料と調味料の混ぜ合わせ
> ステップ 5：混ぜ合わせた材料の漬けこみ

<手順>
ステップ 1：きゅうりとウリの塩漬け
1. 夏に収穫したきゅうりとウリを 20％の塩漬けにし，きざみ漬け作業の 5 時間前に刻んでから水に浸し，塩抜きをしておく．（きゅうりとウリは 1400 本を植え付けする）
2. 塩抜き開始から 3 時間後にきゅうりとウリを水からあげ 2 時間水きりをする．水きりは，きゅうりとウリをざるに入れ，上から石の重しをして自然に水分をとる．

ステップ 2：にんじん・ごぼうの下味つけ
1. 人参・ごぼうは洗って 1 本をタテ半分に切り，半分に切ったものをさらに 20cm 大に切る．
2. 前回製造したときの調味液を下味つけに利用し 2 日間漬けこむ（前回の調味液は液が薄くなるので下味付けには 1 回使用後に捨てる）．

ステップ3：にんじん・ごぼう・きゅうり・ウリ・昆布のきざみ
1. 昆布は生の塩漬けを用いるので，30分前に塩抜きのために水に浸しておく．
2. 2日間下味をつけたにんじん・ごぼうを一口大に切る．
3. 塩抜きしていた昆布を水からあげ，水切りした後に細かく切る．
4. 切った材料を全部一緒にボールに入れて混ぜ合わせる．

ステップ4：材料と調味料を混ぜ合わせる
1. 醤油，ザラメ砂糖，白砂糖，みりん，もろみ，酒の調味料を全部鍋に入れて火にかけ，沸騰した所で火を止める．
2. ステップ3－5の材料に沸騰したばかりの，熱々の調味液を一気にかけて混ぜ合わせる．（熱々をかけると，味のしみ込みが良く，歯ごたえが良い）

ステップ5：混ぜ合わせた材料の漬けこみ
1. 調味料を混ぜ合わせた材料は，夏は1日，冬は2日間漬けこむ．
2. 包装の直前に，刻み唐辛子を振って，まんべんなく混ぜる．
3. でき上った「きざみ漬」は，夏は3日間，冬は7日間で消費できるように出荷する．

T地区生活研究グループでは，グループ結成当時に生活改良普及員により「金婚漬（写真2）」の指導を受け，現在も11月〜5月まで製造出荷している．この製造方法を基本に，M氏は「きざみ漬」をアレンジした．金婚漬は，ウリのなかに昆布で巻いた，にんじん・ごぼうを詰めて製造するが，昆布は温度が高いと腐敗しやすいため，製造は夏期を避けて行われている．昆布は刻んで，少量使用すると旨味が出て食べ易く，腐敗も進まないことから，M氏は，年間を通して製造可能な「きざみ漬」を考案した．

野を広げ女性同士が支え合って生きる」という意味である，とY氏実母の聞き取りにより明らかにされた．具体的な例をあげると，T地区生活研究グループのメンバーが，途中で体調を崩して退会を申し出た時に「出られるようになったら出てくればいい」と言って健康回復するまで5年間待っていた．退会してしまうとその時点から農家女性は，「繋がる」組織が無くなってしまうからである．

また，T地区だけのつながりに留まることなく，生活研究グループ連絡協議会への参加，産直友の会への加入，加工所の設立など地域とのつながりも積極的に行い活動を継続している．特に，T地区公民館の建て替え時に公民館に隣接した「T地区産土農山加工」[4]のたち上げは大きな転機となった．立ち上げにはT地区住民からの反対もあったが，T地区生活研究グループのメンバー全員が参加し，転作大豆を使った味噌と，豆を使った総菜を中心に加工販売し，同時に地域に伝わる技術の伝承をねらいとしている．「T地区産土農山加工」の立ち上げによりT地区生活研究グループのメンバーは，「絶対後戻りできないぞ」と会員の地域貢献の意識も増した（菅野 2005：7）．

ところで，神谷美恵子は価値体系を，「どんなに立派な世界観や思想であっても，うけ入れるひとの心のなかにそれが必然性をもってくみこまれ，心の構造それ自体をつくりあげる決定因子となり，もののみかた，というより，みえかたを変えるようにならなければ，それは借りものにすぎない」ととらえていた．神谷が言う「うけ入れるひとの心のなかにそれが必然性をもってくみこまれる」（神谷2007）ということの事例としてY氏を取り上げる．Y氏は，初代T地区生活研究グループ会長を実母に，幼いころからその母親がT地区生活研究グループで活動する様子を目のあたりに育っている．結婚と同時にグループ活動に参加しているがそれは「結婚したら入るもの」と言うように，Y氏にとって生活研究グループへの入会は，幼いころから実母の活動を見て育ったことにより必然的に組み込まれた結果であると考える．

T地区生活研究グループに参加する農家女性の価値観は，自らが持っていた価値観を生活研究グループの活動に参加することで引き出され，あるいは活動のなかでそれぞれの価値観が醸成されたことが示された．

1-2) 自発性のある行為を基盤とする

つぎに，生きがいは自己の価値観に基づく「自発性のある行為を基盤とし」と定義したが，ここで「自発性のある行為」の捉え方を確認する．まず，行為と役

割の関係について述べる必要がある．上子武次が役割の定義について次のように述べている．「社会存続の構造的機能的要件の充足は，それに必要な社会的位置が設定されており，それに据えられた人々が，その位置に期待され，要求される行動を実行することによってのみ，可能である．…中略．そして事実において人々の間に社会的位置なる観念が存在し，それぞれの社会的位置に対して，特定の行動パタンが期待され，要求されており，それぞれの社会的位置にある人々はそれらの期待や要求を，なんらかの程度に知覚し，感得して，大なり小なり自己の行動を，その影響のもとに決定し実行している」（上子1979：37）

熊谷は，役割理論の典型はT．パーソンズのそれに求めることができるとし，「パーソンズらは社会集団は位置と役割の構造と考える．家族を例にとると，父，夫，母，妻，娘，息子，祖父，祖母などの位置を想定することができる．集団の構成員は，それぞれの位置を占めるとされる．彼らが位置に応じて遂行する行為が役割である」（熊谷1998：7-8）

つまり，個人の行動は社会規範に則った役割として期待され，その期待された役割を知覚し自認することによって遂行されているのである．このプロセスを社会学的な視点からみると「社会化」と捉えることができる．前項で述べたY氏が，生活研究グループへの入会は，「結婚したら入るもの」として必然的に組み込まれたことに言及した．この必然として組み込まれた要因として，Y氏が育った家族環境，特に実母の存在は重要である．Y氏のなかで，「生活研究グループに行く時の楽しそうな母」が認知され，その母の行動から学習したY氏は，生活研究グループで活動する自己として内面化されていったと説明できる．

行為と役割の関係についてはこのような捉え方を典型とするが，本研究における「自発的な行為を基盤とする」という定義の「自発的な行為」とは，それぞれの位置に対する役割期待ではない．ここでは，伝統的社会的役割から解放され，自己の主体性を発揮できる場の確保により自信を獲得した，一人の農家女性としての「自らの意思による自発的な行為」と捉えて分析する．

T地区生活研究グループは，1963（昭和38）年にT地区婦人会に属していた人達から有志10余人で結成された．当初は月に1回程度旧公民館に集まって，しとねもの（餅や饅頭などの練り物）や，きゅうりの漬物の作り方を生活改良普及員により指導を受けていた．1970年（昭和45）には正式に組織化を行い活動の基盤ができ現在に至っている．

第1章では，本研究における「生きがい」のとらえ方を明確にする必要性か

ら，生きがいを定義した．その作業のなかで，生きがいを構成する要素として「自発性・積極性」をあげている．この項目を抽出した理由は，生きがいは自分らしいものであるが，それは「自らの積極的なアプローチが前提にある」という，先行研究のとらえかたと筆者のとらえかたが合致したことによる．つまり，「生きがい」は与えられるものではなく，「自分がやりたい」という主体的な行動が存在しているのである．

「頑張って出て行く人と，諦めてしまう人がいるが，諦めないで頑張って出て行く方であった」，「生活研究グループは家族から行け行けと言われたわけではなかったけれど，自分で行きたくて行った」という語りのなかに伝統的社会的役割規範とは違う，新しい規範に基づいた行動が存在する．つまり，「頑張って出て行く自分」，「自分が行きたくて行った」という行動である．これは，従来の伝統的社会的役割規範に則った行動ではない，農家女性の「自らの意思による自発的な行為」としてとらえることができるであろう．

また，「冬の季節は金婚漬と納豆作りで大変な思いをしています．唯一楽しみは一服休みの時いただけるおいしい漬物・だんご・その他いろいろなもの．また作業中は世間話に花が咲き，アッと言う間に1日が過ぎてしまいます」，「30年継続して活動できたのは好きなことだから」という聞き取りから，「楽しみ」，「好きなこと」という認識は，伝統的社会的役割規範に基づく役割認知とは捉えにくい．農家女性は，農作業や農外就労そしてグループ活動などいくつもの顔を持ち生活する中で，伝統的社会的役割規範とされる役割も遂行しながら日常生活を上手にやりくりできるようになっている．それは，「自分自身を磨くために時間の調整をして極力これからもグループ活動をしていこうと思っている」，「明日店に出ると思えば前日に一生懸命頑張ってやる」という，自分自身のための行為のためと捉えることができる．

安立は，自発的意思によって行動を行う例としてボランティアを上げているが，ここでは「生活研究グループ」という組織に所属する農家女性を対象として論じている．その農家女性は，「頑張って出て行く自分」，「自分が行きたくて行く」，「家族に反対されてもレストランをやりたかった」などの語りから，自発的な意思によって行動していることが確認された．このことは，安立が「個人レベルでの『やりがい』だったものが，グループや団体，組織を経ることを通して，次第に，社会性を帯びてくる」（安立2003：44〜68）と述べたように，農家女性は生活研究グループおよびそれらの連絡協議会や関連する組織に参加し活動する

ことを通して社会とのつながりを拡大していったと捉えることができる．

1-3) 個性的で自分らしい性質を持つ

　第1章で，「生きがい」のとらえ方を明確にする必要性から「生きがい」をテーマにした先行研究を概観し，生きがいのとらえかた，生きがいの構成要素，生きがい活動について検討した．この生きがいをテーマをとする論稿から生きがいの構造・構成要素について共通しているキーワードを抽出した結果，生きがいを構成する要素として8項目あげたことを述べた．その中の1つに「自分らしさ」をあげ，生きがいは本当の自分らしさ，自分にぴったりしたものであり個性的であることについて言及した．

　つまり，本当の自分らしさを生かして，人間らしく「生きるかい」である．前項の「自己の価値観」で論じたように，ひとの価値観は，個々人の家庭環境や社会環境，さらに自己を取り巻く様々な人々のかかわりが影響するなかで，自分にぴったりするものを主体的に選んでいるのである．農家女性は自分にぴったりした価値観を持ち，それは自分らしさを生かしたものであると捉えることができる．自分らしさを生かしたものとは，自分が持っている能力を生かし発揮することである．この，「自分らしさを生かしたもの」の事例としてM氏を取り上げる．

　M氏は，自家栽培の野菜を漬物に加工し販売を行っている．「基本は生活研究グループで習った技術で，それを自分なりにアレンジする．自分でバイクに乗って産地直売所に持参し販売できる．自分でお金を獲れるということもあるけれど，自分の気力，生きがいだ」と語っている．また，「農家女性が何かをしようという場合，自家栽培している野菜の利用は最も身近な資源の活用である．自己の裁量で行うことができるから」と語っている．

　T地区生活研究グループでは，漬物，納豆，味噌作りと野菜の加工を中心に活動している．しかし，全員が【何かやりたい】という価値観に基づき漬物製造を行っているわけではない．生活研究グループに参加し活動するなかで，【向学心】【人とのつながり】【自己の視野の拡大】【安全な食物の提供】【地域連携】という，それぞれ自分らしい価値観を醸成したのである．次項では，この自分らしい自己の価値観に基づく自発性のある行為が，農家女性に生きる充実感と存在感をもたらしているのか論じることとする．

1-4) 生きる充実感と存在感

　本研究における従属変数は「生活研究グループ活動がもたらす生きがい」である．生きがいに関しては，「自己の価値観」「自己の意欲・積極性」「自己の充足感・満足感・存在感」の3つの次元を設定した．前項では，「自己の価値観」「自己の意欲・積極性」について論じたが，ここでは農家女性の自分らしい自己の価値観に基づいた自発性のある行為が生きる充実感と存在感をもたらしているのか考察する．

　第6章で，T地区生活研究グループからの聞き取り結果を「表6-21　生活研究グループ活動がもたらす生きがいの比較」としてまとめた．3つ目の次元は，聞き取り内容を忠実に表現するために「自己の充足感・満足感・存在感」としてまとめたが，生きがいの定義では自己の充足感・満足感を「生きる充実感」として提示していることから，ここでは「生きる充実感と存在感」について検討する．

　まず，「生きる充実感」であるが，充実感とは気持ちが満たされている感情である．農家女性の聞き取りから，【人生のなかで今が一番いい時間】【活動による人との交流】【メンバーと会える楽しさ】【自分の励み】【次世代への継承】が得られた．【今が一番いい時間】【楽しさ】【自分の励み】は，肯定的感情であり気持ちが満たされている感情である．また，【次世代への継承】においても，未来に向かう希望や期待を含む感情と捉えることができる．【人との交流】については，既に「自己の価値観」の項で述べたが，農家女性にとって多くの情報獲得の場となり，市場に提供できる商品の製造という技術力を身につけることとなった．この技術力を向上させ自分で収入を得たことで，農家女性は自己の主体性を発揮し，自分に対する自信の獲得へと繋がった．

　次に「存在感」について述べる．存在感とは「自分がそこに確かに存在しているという実感」と説明される（広辞苑 2008：1664）が，農家女性は【仲間から期待される存在】【中心的存在】という「確かな存在感」を有していることが明らかとなった．農家女性は，前述したように「交流」により情報を獲得し技術力を向上させた．同時に，他の生活研究グループとの「交流」は，同じ立場にある農家女性の存在を確認し，「自分もできる存在」という自己の能力に気づかされる場でもあり，農家女性に自信や誇りをもたらしたと考える．

個人の自己実現要求の充足

　本節では，本研究における生きがいの定義に照らし合わせて，T地区生活研究グループの農家女性の生きがい考察している．そのために，「自己の価値観」「自発性のある行為を基盤とする」「個性的で自分らしい性質を持つ」「生きる充実感と存在感」に分けて論じた．ここでは，これまで論じた農家女性の生きがいが，個人の自己実現の要求を充足させているのかに視点を当て考察する．

　自己実現の概念を広めたとされるA・Hマズローは，「マズローの5段階欲求階層説」に基づき，自己実現を「才能，能力，可能性をじゅうぶんに用い，また開発していること」と説明した．（マズロー1971：225・1987：223）続いてその後の研究結果により，自己実現的人間の全体的特性を，「現実のより有効な知覚」，「自己・他者・自然の受容」，「自発性」，「問題中心性」，「超越性」，「自律性」など14項目を挙げている．A・Hマズローの説明により，自己実現は「一人ひとりが持っている可能性を現実のものにしようとすること」と解釈できよう．

　農家女性の生活研究グループ活動は，主体性を発揮できる場の確保となったが，この主体性について鶯が，「無人市や朝市に参加している女性たち自身への影響は，一言でいえば『自己イメージの肯定的修正』ということである．その修正された自己イメージをもとに彼女たちが手にしたものは①労働における主体性，②『自分』という存在の発見と思考の広がり，③お金の自由→行動の自由→世界の広がりである（鶯2007：36）」と述べている．農家女性の生活研究グループ活動は，自己の価値観を醸成しそれぞれの価値観に基づき主体的な活動となっている．その活動は従来の伝統的社会的役割規範に則った行動ではない，農家女性の自らの意思による自発的な行為である．この自発的行為が社会的に評価されたことで自分に対する自信の獲得，生きる充実感と存在感へと繋がっていった．

　自己実現とは「一人ひとりが持っている可能性を現実のものにしようとすること」であり，実現するために農家女性自身が主体性を発揮できる場が確保できたことは大きいと考える．

2．農家女性の世代別にみる生きがいの特徴

　前項では，本研究で提示した生きがいの定義に照らし合わせてT地区生活研究グループ農家女性の生きがいについて論じ，生活研究グループ活動が農家女性の自己実現を可能にしていることについて述べた．ここでは，T地区生活研究グループメンバーの世代別にみた生きがいについて考察する．考察においては，第2

章で述べた岩手県の農業経営の変化と第5章の農業に従事する農家女性の現状を踏まえて論じることとする．

T地区生活研究グループは，1963年（昭和38）の発足から約50年間継続して活動しているグループである．発足時は10人余のメンバーから構成されたが，途中で退会した方や高齢により退会した方がいる．一方，途中から参加した方などメンバーが入れ替わりながら現在に至っている．調査時の2010年時は，70代，60代，50代，40代[5]でのメンバーによって構成されている．70代のM氏，O氏は昭和の初めに生まれた「昭和一桁世代」であり，60代のメンバーは，いわゆる「団塊の世代」と言われている世代である．また，50代のメンバーはわが国が戦後の敗戦から復興し，高度経済成長期が始まったとされる1950年代に出生した「高度経済成長期世代」である．したがって，世代別の区別を「昭和一桁世代」，「団塊の世代」，「高度経済成長期世代」の3つの世代に分けて考察する．

「昭和一桁世代」の生きがいの特徴は，生活研究グループへの参加を自分の意思で決定し，自己の持つ可能性を実現していることである．この世代の農家女性は，結婚と同時に農業と家事を担当し，農業の労働力として期待された世代である．この時代の農業経営は，大型機械の導入はほとんどみられず，全てが手作業であったため農家女性の負担は大きかった．この実態については，第6章の第3節「生活研究グループ活動と農家女性」のなかで，天野の先行研究により戦後農地改革が実施され，地主と小作という関係は解消されたが，農家の生活は依然として厳しく，農家女性は重労働と貧しさに耐える存在であった（天野2001：7）ことを確認した．農家の生活が厳しい状況であったことは，「昭和一桁世代」の聞き取りにより「農繁期は朝3時に起床し家畜の餌の草刈りから一日がはじまる」，「農家の嫁は着物が縫えて一人前と言われ，浴衣や農作業着を作るために畑に麻を蒔いて夜なべに糸を紡いで機織りと嫁は家の中には居られなかった」という語りによって確認された．

「昭和一桁世代」の農家女性は，毎日毎日の農作業と家事に追われ，「耐えてきた」世代である．既に第5章の第3節「農家女性の労働の変化」で述べたように，1954年（昭和29）当時の農家女性の生活時間は，農作業9時間に家事労働5時間が加わり，総労働時間を比較すると夫に比べ妻の労働時間は3時間多いことを確認した．また，重労働と貧しさに加えて，結婚相手を自分で決めることが許されなかった世代でもある．M氏，O氏も親が決めた結婚であった．自己の意

思を貫き結婚した場合は,「実家の敷居は二度とまたげない」ことを覚悟しなければならず,これは実家からの経済的援助が断たれることを意味することである.農家女性が自分の意思で結婚できなかったことを裏付ける調査がある.「昭和一桁世代」のM氏,O氏が結婚した同年の1951年（昭和26）に,労働省婦人少年局が岩手県田野畑村を対象に,「農村婦人の生活」について聞き取り調査を行っている.その結果,「結婚のような人生にとって大きな事柄でさえ,農村の婦人には自己形成の場面とはならない.本人同志で決めた例は,46名中1名のみで,親の選んだ相手に命ずるままに嫁いだものが最も多く,また『家』の存続のために強制的に結婚させられた例も少なくない」という状況であった（高橋久子他監修1991：80-82）.このような生活環境の中で,この世代の方々は,生活研究グループへの参加を自分の意思で決定し,自己の持つ可能性を実現しているといえる.

次に,「団塊の世代」とした60代である.「団塊の世代」の生きがいの特徴は,将来を見据えながら自己実現に向けた活動を展開していることである.一人ひとりの聞き取り結果については第6章で既に述べており,その概要については表6-17にまとめた.この表から浮かび上がったことは,農外就労の有無が世代によって違うという点である.「昭和一桁世代」では結婚前から現在まで農外就労の経験がないが,「団塊の世代」と「高度経済成長期世代」では全員が農外就労に就いていることがわかる.わが国の農業経営の変化は,第2章で論じたように,1960年代の高度経済成長と共に大きく変化し,農家数の減少,耕作面積の縮小,兼業化,農業の機械化・化学化にまとめられた.兼業化の要因は,農家内の余剰労働力と現金収入稼得の必要性であり,農業機械の導入後は農外就労時間の顕著な増加がみられたことについて述べた.「団塊の世代」のR氏は,1965年（昭和40）に高校を卒業し直ぐに製造業に従事している.同世代のS氏は子どもが成人してから農外就労に就いたが,この世代は恒常的に農外就労に就く農家女性の割合が高い世代である.それを裏付ける調査を以下に述べる.農外就労の実態について,1968年（昭和43）に労働省婦人少年局が全国の兼業農家主婦2000名を対象に調査した結果,「恒常的勤務者の6割が製造業に働いており,従業員が30人未満の事業所に雇用されるものが半数である.（中略）.その仕事にはじめて就いた時期は,1959年以前は少なく（15％）,1960年以後から増加しており,とくに1964年以後のものが59％で多いが,さらにその過半数は1966年から1969年の3年間に開始したものである」（高橋久子他監修1991：522）.

この世代の農家女性は，農外就労の時間が多くなった結果，日頃行き来があった地域の人と交流する機会が減少したことは否定できない．この世代の方々にとって，生活研究グループの活動は「人とつながる」場の確保であり，退職後は「今まで以上に活動に専念したい」「長く続けたい」という，将来を見据えながら自己実現に向けた活動の舞台である．

　最後に「高度経済成長期世代」とした50代について論じる．「高度経済成長期世代」の生きがいの特徴は，多様な価値観による固有の自己実現を目指している点である．「高度経済成長期世代」は，高校や大学の卒業と同時に常勤の勤務体系で農外就労に就き，「昭和一桁世代」や「団塊の世代」に比べ，最終学歴において高学歴の傾向化が窺える．さらに，この世代は，生活研究グループの活動に参加する中で，自己の価値観が醸成されたという点においては「団塊の世代」と共通している．しかし，「昭和一桁世代」や「団塊の世代」は，それぞれのメンバーに価値観の共通性があるが，「高度経済成長期世代」ではその価値観に共通性を見出すことができない．「高度経済成長期世代」は前述のように，高学歴になっていることも価値観の多様性を見出した要因の一つと考えられる．さらに，この世代は行政の政策が追い風となっていることも影響していると捉えることができる．現在50代の，「高度経済成長期世代」のメンバーが，生活研究グループに入会した1980年代～1990年代は，21世紀を見据えて国の方針によって女性の社会進出が促進されていく時代であった．1985年（昭和60）厚生労働省により，雇用の分野における男女の均等な機会及び待遇の確保を図ることを目的に「男女雇用機会均等法」が制定された．さらに，1992年（平成4）に農林水産省が「2001年に向けて――新しい農山漁村の女性（農山漁村の女性に関する中・長期ビジョン懇談会報告）」として，21世紀における農山漁村女性の望ましいライフスタイルを提案したこともその一つである．Y氏の聞き取りから，「メンバーには生まれた年代のカラーがあり，私達の年代は女性の社会活動もやれやれと追い風だった．国が方向づけて生産と生活を両立しなければと指導され，その対象としてモデル的にやらされた」との語りからこの世代の特徴が見えてくる．

　各世代の生きがいの特徴を要約すると，「昭和一桁世代」の特徴は，重労働と貧しさに耐える存在から解放され，主体的に活動できる場の確保による自己実現に向けた実践である．「団塊の世代」は，恒常的に農外就労に就いた世代である．日常生活において人と交流する機会が減少したことにより，生活研究グループの活動は「人とつながる」場の確保となり，自己実現に向けた活動を展開して

いる．また，「高度経済成長期世代」は，高学歴化や行政による農家女性に対する社会進出促進施策の影響を受け，多様な価値観を醸成し，固有の価値観を軸に自己実現を目指しているという特徴がある．

注
1) 頼母子講とは，日本の中世以来，村落，町で形成された講のひとつの形態であり，無尽講ともいわれる．講はもともと宗教的集まりを意味し，伊勢講，御嶽講などがある．それが相互扶助組織の形態をとったもので，相互に金銭を出し合うもの，労力を提供するものなどがある（濱嶋朗他編 社会学小辞典 2008：418）．
2) 生活改善指定部落は「農家の人々が，自らの問題を発見し，その解決方法みんなで考え，知恵や時間，労力を出しあい共に実践する組織」として育成され，波及効果を及ぼし自主的な生活改善グループが次々に組織された（桑原 1989：23）．例えば，生活改善指定部落のグループがかまど改善を行うと，そのことが噂になり，周囲の農家の方々が見学に来て「これは良い」と皆が真似て，自分たちもやってみようと自主的にグループを結成していった（A氏からの聞き取り）．
3) 岩手県における婦人の組織活動は，岩手県地域婦人団体協議会，岩手県農協婦人組織協議会，岩手県漁協婦人部連絡協議会，岩手県商工会婦人部連合会，岩手県母子福祉協議会，岩手県生活改善実行グループ連絡研究会がある．これらの組織活動のなかで，最も早い時期に活動を開始したのは岩手県地域婦人団体協議会であり，前身は愛国婦人会，大日本連合婦人会，大日本国防婦人会が統合され1942年（昭和17）に結成された大日本婦人会である．この大日本婦人会は，終戦後の1945年（昭和20）8月に解散した．1948年（昭和23）頃から地域を基盤とした新しい婦人会が生まれ，1949年（昭和24）社会教育法の公布によって，地域婦人団体が位置づけられ，郡，市に婦人団体が結成されるようになった．1953年（昭和28年）盛岡市において岩手県婦人団体連絡協議会が結成された．この連絡協議会への加入は県下の16郡市であり，結成の目的は，岩手県内婦人団体の連絡強調を図り，婦人の地位向上と，地域社会の発展に寄与することである．その後1965年（昭和40）に名称を岩手県地域婦人団体協議会と改めた（岩手県地域婦人団体協議会1981年「岩手県地域婦人団体協議会─地位の向上と地域社会の発展を目指して─」（岩手県企画調整部青少年婦人課編『岩手の婦人』岩手県 367-369）．

T地区においても婦人会が組織され各戸より女性が参加し結成されていた．T地区は1951年（昭和26）に公民館が設置されたことにより村社会教育委員を母体として公民館組織が設置された．組織体制は，館長・主事・総務部長・社会部長・書記で構成され，運営については，集落内の各組織の代表者からなる運営審議委員会を設置し連携強調を図った．運営審議委員会の中に婦人会が含まれていた．その後組織の改編が行われ1972年（昭和47）より婦人会は「婦人部」として組織され現在に至っている（2006 T地区公民館落成記念誌古住今来 12-28）．
4) 「T地区産土農山加工」は，2005年（平成17）にT地区公民館建て替え時に隣接された加工所である．T地区生活研究グループは産土（土地の守護神）を大切に"土産土法"の考えを見直した．
5) 40代のメンバーには聞き取りはできなかった．

第3節　農家女性の生きがいに影響を及ぼす要因

　T地区生活研究グループは1963年（昭和38）に発足し，その後50年以上継続している．発足当時のメンバーは10余名で現在は8名で構成されている．発足時から継続して活動しているメンバーは2名であり，高齢になり85歳で退会した方が2名である．発足時の他のメンバーは途中で退会しているが，退会と同時に新たなメンバーが入会するという経過で現在に至っている．本章第2節ではT地区生活研究グループ農家女性の生きがいの特徴について論じた．ここでは，序章「本研究の枠組み」で影響要因として提示した，「生活改善普及事業」「生活研究グループ活動の実際」「家族・地域社会」において，生活改良普及員の支援やグループ育成の方法，地域女性リーダーの役割，さらにグループを取り巻くネットワークが農家女性の生きがいにどのように影響を及ぼしたのか考察する．

1．生活改良普及員の指導

　生活研究（改善）グループは，戦後農林省内に設置された生活改善課による生活改善普及事業として展開した．この普及事業の目的は「農山漁村民に生活の改善に必要な知識や技術指導普及し，農山漁村民（とくに女性）自らが問題を発見して実行できること」（田中2011）であった．岩手県においても生活改善課題を設定し（第3章，表3-1　岩手県における生活改善課題の歴史），「生活改良普及員の養成と生活改善グループの発足」にそれぞれ力を注いだことについて第3章で論じた．

　T地区生活研究グループは1963年（昭和38）に発足したが，これは自発的に結成されたグループではなく，農林省生活改善課の生活改善普及事業による生活研究グループの育成によって組織されたグループである．T地区では，全戸から各戸1名の加入で組織されていた婦人部に有志を募り生活研究グループを結成した．このグループは，行政の方針によって結成されたグループであるが，農家女性は「男が主・女は従（男が前，女は後ろで補助）」という「補佐役規範」[6)]によって行動することが前提とされていたことにより，グループ活動への参加は容易ではないのが現状であった．このような農家女性の立場に配慮し，生活改良普及員はグループ活動に参加しやすいような支援を行っていた．その具体例として，第4章の農家女性に対する普及活動で，生活改良普及員D氏が「葉書で案内を出すと，舅や姑も内容が確認でき参加しやすい」と話していた．上述のように農家

女性は「補佐役規範」による行動が求められ，農林省という政府の施策による活動であっても，堂々と生活研究グループの活動に参加できるわけではない．生活改良普及員は農家女性の立場を理解し，活動に参加しやすいように家族が文面を見て確認できる葉書を利用したのである．

　生活改良普及員は，生活改善普及事業の目的を受け，「農民の自主性」を重んじ生活研究グループを育成した．育成においては，生活改善課より入手した技術情報をわかりやすく説明するなど工夫を重ねて指導を行った．生活改良普及員の存在は，農家女性の情報量の獲得につながり，その情報は農山加工品の作り方などの知識となり技術力を高めた（大槻 2012：40）．グループメンバーM氏は「普及員さんが居なかったら今の自分はない」，Y氏は「商品開発や助成金獲得」の相談相手として重要な存在という．農家女性の生活研究グループ活動は，主体性を発揮できる場の確保となり自己実現を可能にした．生活改良普及員の指導はその可能性を促進する存在といえる．

2．グループ育成と地域女性リーダー

　生活研究グループの育成は，生活改善普及事業として展開し生活改良普及員が普及活動を行った．グループの育成においては，生活改良普及員が農家を巡回する中で意欲的なグループに呼びかけグループ育成に力を注いでいった．

　I町では現在3つの生活研究グループが活動している．このなかでT地区生活研究グループは代替わりをしているが，50年間途切れずに継続している唯一のグループである．他の2つのグループは発足時から継続しているわけではなく途中で解散し再結成したグループ，近年比較的年代の若いメンバーで結成したグループである．生活改良普及員からT地区生活研究グループは，「前向きで研究熱心」なグループと評価されている．この評価は，まさに生活改善普及の目的に沿った主体性のあるグループと捉えることができよう．

　生活研究グループの活動は，自己のグループや他のグループとの情報交換の場となり，農家女性に農産加工などの技術習得をもたらした．グループ活動は，前項で述べた「補佐役規範」と同様の，男女の社会的地位に関する伝統的社会的役割規範とは違う，自らの意思による自発的な行為である．この活動は，主体的に活動できる場の確保となり，自己の自信の獲得に繋がっている．農家女性の自発的な意思による行為は，他の生活研究グループやそれらの連絡協議会，関連する組織の運営や活動を拡大し農家女性の価値観に影響を及ぼした．具体的には，連

絡協議会主催の講演会参加などによる【自己の視野の拡大】や，生活研究グループ連絡協議会のレストラン経営による【安全な食物の提供】という価値観である．

　農家女性は，それぞれに固有の価値観をもち自己実現を可能にしているがその背景には冒頭で述べたように，生活改良普及員によるグループ育成の影響が大きい．農業普及員（旧生活改良普及員）E氏は，T地区生活研究グループを担当した経験を踏まえ「グループ活動を通してグループ員がそれぞれにリーダーシップを発揮し，話し合いで物事を進めている」と評価している．グループ育成では，「会長」を固定せずそれぞれが輪番制で役職を担い，一人ひとりのリーダーシップ能力を育成した結果と捉えることができる．一方で農業普及員E氏は，「前向きで研究熱心なのは，リーダーの影響もある」と評価している．ここでのリーダーとは，「会長」という組織上の役職とは違う，インフォーマル的な立場でのリーダーである．現在は，Y氏がそのリーダー的立場であると捉えている．T地区生活研究グループの発足は先に述べたように，1963年（昭和38）T地区婦人会に有志を募り結成されたグループであるが，T地区婦人会にはリーダー的女性が存在し「T地区の女性はつながる」という考えをもっていた．筆者はこれを「つながり意識」と捉えた．T地区婦人会から受け継がれたこの「つながり意識」は，農家女性同士が「支え合う」「困ったときに助け合う」「できる人ができる時にできる範囲で」という考えである．この考えは50年経過した現在も脈々と息づいている．

　インフォーマルな地域女性リーダーによる「つながり意識」は，継続的なグループ活動を可能にし，農家女性に【何かやりたい】，【向学心】という価値観を明確にさせ，創造力や経済力に大きな影響を与えている．具体例として「昭和一桁世代」のM氏があげられる．M氏は発足時から50年継続して活動しているが，途中で体調を崩し活動に参加できない期間があった．M氏は「皆に迷惑がかかるから退会したい」と申し出たが，この時の初代会長が「辞めたらつながることができなくなる．いつまでも待っているから」と言って回復を待った．また「団塊の世代」，「高度成長期世代」の農家女性は，農外就労に就いていることから休日を利用した活動であるため，毎回参加できるとは限らず，「できる時に，できる人が，できる範囲で行う」という共通認識が存在している．

　T地区生活研究グループでは，「つながり意識」が存在することにより，無理をせず長く続けることを可能にし，農家女性の自己実現に影響している要因と考

える.

3．グループを取り巻くネットワーク

　T地区生活研究グループを取り巻くネットワークのなかで，農家女性の生きがいに影響を及ぼしているのは農業改良普及センターの生活改良普及員，生活研究グループ連絡協議会，農家レストラン経営，産直農山加工所の運営である．農業改良普及センターの生活改良普及員については，既に前項で述べたように農家女性の自己実現を可能にした存在である．T地区生活研究グループは，I町生活研究グループ連絡協議会，H市生活研究グループ地方連絡協議会，岩手県生活研究連絡協議会に加入し活動を継続している．このような協議会の活動は，お互いの技術の情報交換の場となり活動意欲を高めている．同じ立場にある農家女性同士の協議会への参加は，グループ活動への意欲を高め，多様な価値観の醸成に影響を与えている．なかでもI町生活研究グループ連絡協議会で運営する「農家レストラン」は，農林水産省が21世紀における農山漁村女性の望ましいライフスタイルを提案したことに後押しされたこともあり，農家女性の【安全な食物の提供】という価値観を生みだした．

　T地区の農家数は60戸であり，T地区公民館は地区の心臓部であり拠点となっている．生活研究グループの活動は，発足時から一貫してこの公民館で活動を行っている．公民館に関する組織は館長はじめ総務部，民生委員，各組合，青年部，婦人部，PTA，老人クラブ，生活研究グループで構成され，生活研究グループ活動においてこれらの組織とのネットワークを欠かすことはできない．2005年（平成17）の公民館建て替え時に併設した産土農山加工所は，T地区生活研究グループの「高度経済成長期世代」が中心となり運営している．「高度経済成長期世代」の多様な価値観が産みだされた背景は，高学歴化，行政による農家女性に対する社会進出促進施策であると述べた．これらの要因に加え産土農山加工所の運営は，地産地消，地域に伝わる技術の伝承を基盤としており農家女性の価値観に影響を及ぼしていると考える．

4．小活

　本章第1節では，本研究における「生きがいの定義」を確認した．

　第2節では，生きがいの定義に照らし合わせて，T地区生活研究グループの農家女性の生きがいについて考察した．生活研究グループの活動は，それまで自己

のなかに封じ込めていた農家女性の【何かやりたい】という価値観を明確にし，さらに新たな【向学心】を見出した．また，【人とのつながり】を拡大させる機会となり【安全な食物の提供】【自己の視野の拡大】【地域連携】という固有の価値観を醸成した．生きがいは自己の価値観に基づく「自発的な行為を基盤とする」と定義した．「自発的な行為」とは，それぞれの位置に対する役割期待ではなく，ここでは，伝統的社会的役割から解放され，自己の主体性を発揮できる場の確保により自信を獲得した，一人の農家女性としての「自らの意思による自発的な行為」と捉えて分析した．農家女性の，「頑張って出て行く自分」，「自分が行きたくて行った」という行動は，従来の伝統的社会的役割規範に則った行動ではない，「自らの意思による自発的な行為」としてとらえることができる．また，農家女性は，【人生のなかで今が一番いい時間】【メンバーと会える楽しさ】【自分の励み】という肯定的感情を有しており「生きる充実感」や【仲間から期待される存在】【中心的存在】という「確かな存在感」であることが明らかとなった．

　農家女性の世代別にみた生きがいの特徴を，「昭和一桁世代」，「団塊の世代」，「高度経済成長期世代」の3つの世代に分けて考察した．70代の「昭和一桁世代」の生きがいの特徴は，生活研究グループへの参加を自分の意思で決定し，自己の持つ可能性を実現していることである．また，60代の「団塊の世代」は，将来を見据えながら自己実現に向けた活動を展開し，「高度経済成長期世代」とした50代の生きがいの特徴は，多様な価値観による固有の自己実現を目指している世代といえる．

　第3節では，農家女性の生きがいに影響を及ぼす要因として，生活改良普及員の指導，グループ育成と地域女性リーダー，グループを取り巻くネットワークをあげて考察した．生活改良普及員の存在は，農家女性の情報量の獲得につながり，その情報は農山加工品の作り方などの知識となり技術力を高めた．農家女性の生活研究グループ活動は，主体性を発揮できる場の確保となり自己実現を可能にしたが，生活改良普及員の指導はその可能性を促進する存在といえる．グループ育成では，「会長」を固定せずそれぞれが輪番制で役職を担い，一人ひとりのリーダーシップ能力を育成した．また，T地区婦人会から受け継がれた「つながり意識」によって，農家女性同士が「支え合う」「困ったときに助け合う」「できる人ができる時にできる範囲で」という考えが存在する．T地区生活研究グループを取り巻くネットワークのなかで，農業改良普及センターの生活改良普及員，

生活研究グループ連絡協議会,農家レストラン経営,産直農産加工所の運営が農家女性の生きがいに影響を及ぼしている.

注
6) 「補佐役規範」は靏理恵子の文献によるものであるので説明を加える(靏理恵子 2007『農家女性の社会学』コモンズ 199-200).
　靏理恵子は,現在日本の農村社会において対照的な2組の規範が存在するとしている.
　第一は,戦前から現在まで広く根強く存在している社会規範.
　1-①「男は公的領域,女は私的領域をそれぞれ担う」(私的領域規範)
　1-②「男が主・女は従(男が前,女は後ろで補助)」(補佐役規範)
　1-③「男は仕事,女は仕事と家庭」(新・性別役割分業規範)
　第二は,戦後,日本社会に全般的に広がり,人々は知識としては十分に知っているものの,個々人の生活レベルにまで深く浸透しているとは言い難い社会規範.
　2-①「男女平等」(男女平等規範)
　2-②「業績主義(または能力主義)」(業績主義規範)

終章　いきいきと過ごす高齢化社会への展望

第1節　各章で得られた知見

　序章では，本研究の動機および目的と方法，本論文の枠組みと論文構成について述べた．第1章では，本論文で対象とした農家女性の行動を理解するための枠組みとして「生きがい」を定義した．第2章では，戦後の日本社会と農業経営について農家数，耕地面積，兼業化，農業の機械化の視点から岩手県を中心に考察した．第3章では，わが国における生活普及事業の発展と岩手県における生活普及事業の変遷を明らかにし，第4章では生活改良普及員からの聞き取りにより，農家女性の変化の兆しについて把握したことを述べた．第5章では，戦後日本の農家女性を研究のテーマとする論文や著書を概観し，農業の機械化が農家女性の労働に大きな影響を及ぼしたこと，社会的地位については社会参画の推移と経済力の視点から分析し，経済力の確保が農家女性に与えた影響について論じた．第6章では，農家女性のグループ活動と生きがいについて，T地区生活研究グループメンバーを対象に，「自己の価値観」，「自己の意欲・積極性」，「自己の充実感・満足感・存在感」の3つの次元と，生活研究グループの活動がどのように関連しているのか考察した．その結果，農家女性個々の価値観と年代ごとの特徴について論じた．第7章では，第6章で得られた農家女性個々の価値観を，本研究における「生きがい」の定義に照らし合わせて考察した．農家女性の生活研究グループ活動は，それぞれの価値観にもとづいた主体的な活動であり，自分に対する自信の獲得，生きる充実感と存在感へと繋がっていることについて述べ，世代別の農家女性の生きがいの特徴についても考察した．

第2節　高齢化社会における生きがいのある生き方への提言

　本書の目的は，序章で提示したように生活研究グループで活動している中高年の農家女性の「自己の生きがい」に着目し，グループ活動が個々の女性にどのような意味をもたらしているのか明らかにすることである．第6章の農家女性のグループ活動と生きがい―岩手県T地区を事例として―，第7章の農家女性はどのように生きがいを築き上げたのかで得られた知見をふまえて，ここでは高齢社会

における生きがいをもつ生き方について述べる．

1．自己の生きがいに影響を与える要因

　ここでは，第6章の農家女性のグループ活動と生きがい—岩手県T地区を事例として—，第7章の農家女性はどのように生きがいを築き上げたのかで得られた知見をもとに，生きがいに影響を与える要因について確認する．

　まず，1番目に「生活改良普及員による指導」があげられる．T地区生活研究グループの活動は，生活改良普及員の指導による農産物加工技術習得や他のグループとの情報交換を行い，【何かやりたい】という価値観を明確にし，さらに新たな【向学心】を生み出した．農産物加工技術の習得は，市場に提供する商品を生み出し農家女性の創造力や経済力に大きな影響を与えた．農家女性が経済力をもつことは，自己の主体性を発揮できる場の確保となり，自分に対する自信の獲得へとつながった．

　2番目の要因として，「自己の積極性」である．T地区生活研究グループに所属する農家女性の活動は，伝統的社会的役割規範とは違う自らの意思による自発的な行為であり，自己の意欲や積極性が存在し，この主体的な活動が組織の運営や活動の拡大につながっている．具体的には，生活研究グループ連絡協議会の会長職を担うことや，講演会への参加活動が【自己の視野の拡大】を促進している．また，レストラン経営を担ったことが，地産地消の理念に基づいた食材の吟味による【安全な食物の提供】という価値観をもたらした．

　3番目の要因に，「つながり意識」がある．生活改良普及員の指導により，他のグループとの交流は【人とのつながり】を拡大させる機会をもたらした．これに加えて，T地区に継承される地域社会に広く視野を広げて女性同士が支え合って生きるという「つながり意識」が，農家女性の【地域の連携】という価値観に影響を及ぼしていた．

　4番目の要因に，「グループを取り巻くネットワーク」がある．ネットワークはおもに農業改良普及センター，生活研究グループ連絡協議会である．これらのネットワークにより，農家女性は常に新しい情報を入手し活用することができた．また，活動の拠点であるT地区公民館に関する組織とのネットワークを欠かすことはできない．第6章の2節でT地区における農業経営と家族役割の変化について論じ，調査対象者の結婚前の居住地を把握した．その結果，結婚前の居住地は同一集落と同一市町村で半数を占め，県外はわずか2％であった．このこと

は，T地区の人々は結婚前から近隣に居住しているものが多く，地域内における関係が形成されており，高度に結合されたネットワークが存在することが推測される．T地区生活研究グループを取り巻く組織的なネットワークや地域内のネットワークは，農家女性の情報源や情緒的サポートして重要であることが示された．

以上，農家女性の生きがいに影響を与える要因として，「生活改良普及員による指導」「自己の積極性」「つながり意識」「グループを取り巻くネットワーク」をあげた．これらの要因は，農家女性自らが持っていた，【何かやりたい】【向学心】という価値観を引き出し，また活動を継続するなかで【人とのつながり】【自己の視野の拡大】【安全な食物の提供】【地域の連携】という価値観を醸成させ，それぞれの自己実現に影響を与えたと考える．

2．個々人が生きがいをもつことの意義

生きがいをテーマとした研究については，第1章の生きがいに関する文献検討により先行研究をもとに論じた．生きがいは，「戦争直後は食べるためだけに狂奔しなければならない時代であったから，だれも生きがいについて自分に問いかけるゆとりもなかった（神谷（1967）1980：275）」．1960年代になって老後問題として視点があてられ生きがいが政府により政策の対象とされた（鶴若2003：9）．生きがいに関心が持たれるようになった背景は，1950年代後半からの高度経済成長期以降，物質的な豊かさを手に入れゆとりができたことと，平均寿命が延びたことにより老後の生き方の問題として捉えられるようになったということがいえる．

高齢化社会は，要介護者の増加という課題を抱えることとなり，政策として介護保険制度が導入されるなど高齢者に対する施策が進んでいる．筆者は，中山間地域で生き生きとして活動をしているT地区生活研究グループの中高年女性を対象に，農家女性の生きがいについて論じた．中高年女性の活動に視点をあてることは，高齢化率が高くなるわが国の現状のなかでどのように老いを迎えるのか，それぞれのライフスタイルに応じた方法を見出すための示唆が得られ，高齢者保健福祉施策に関して意義のある知見をもたらすと序章で述べた．

前項で述べたとおり，グループに参加する農家女性の価値観は，自らが持っていた価値観が引き出され醸成されていた．この活動への参加は伝統的社会的役割ではなく，自分の意思で参加したことにより，社会とのつながりを拡大させた．

グループ活動は，農家女性に自信と誇りをもたらし，生きている充実感と自己の存在感を与え自分自身の生きる力となっている．

本書では，農家女性を事例として取り上げ中高年の生きがいについて論じたが，筆者はここで得られた知見は，農家女性あるいは農村地域に限定したことではないと捉えている．このことは，既に序章で述べた長谷川の報告によって支持される．長谷川は，農村地域，都市近郊農漁村地域，大都市近郊地域の3つの地域の高齢者を対象に生きがいについて調査した結果，男性高齢者は農村地域および大都市近郊地域ともに身体面の健康状態が「生きがい」に影響を及ぼすことを示した．一方，女性の場合は3地域共に交友活動，社会の役割，集団活動への参加によって「生きがい」が高められる（長谷川 2003：66・83・96）と報告している．

人は加齢とともに病気やけがのリスクが高まり疾病率も増加する．長谷川の報告により特に男性高齢者は身体面の健康状態が自身の「生きがい」に影響するため，健康状態を維持することが必要となる．健康状態を維持するためには，女性高齢者の結果にみられたように交友活動，集団活動による社会的なつながりを持ち，「生きがい」を高めることが重要である．

3．性別役割分業意識の融合をめざして

前章の第2節において，T地区生活研究グループ農家女性の世代別の生きがいの特徴について「昭和一桁世代」，「団塊の世代」，「高度経済成長期世代」に区別し論じた．各世代の生きがいは，「昭和一桁世代」が，重労働と貧しさに耐える存在から解放され，主体的に活動できる場の確保による自己実現に向けた実践，「団塊の世代」は，人とつながる場の確保による自己実現に向けた活動，「高度経済成長期世代」は，高学歴化や行政による農家女性に対する社会進出促進施策の影響を受け，多様な価値観を醸成し，固有の価値観を軸に自己実現を目指しているという特徴がある．

「昭和一桁世代」と「高度経済成長期世代」の年齢差は親と子ほどの年齢の開きがある．貧しさに耐えた「昭和一桁世代」，一方「高度経済成長期世代」は物質的な豊かさを迎え，「男女共同参画社会基本法」の制定にもとづき「男女平等意識」が推進される中で活動を行なった世代である．

内閣府の「男女共同参画社会に関する世論調査（平成24年概要版）」によると，「夫は外で働き，妻は家庭を守るべきである」という「性別分業意識」に対

する考えは，調査対象者全体では賛成が51.6%，反対が45.1%である．性別にみると，賛成の割合は男性が55.1%，女性が48.4%で男性の方が高く，反対の割合は男性が41.0%，女性が48.8%で女性の方が高い結果であった．また年代別にみると，賛成の割合が半数以上を占める年代は，20歳代，60歳代，70歳以上であり，なかでも70歳以上は最も高く63.5%となっている．一方，反対の割合が半数以上を占める年代は，30歳代，40歳代，50歳であった．さらに，各年代における賛成と反対の割合を比較してみると，60歳代，70歳以上でその差が大きく特に70歳以上は賛成63.5%，反対33.1%と賛成が反対の約2倍であった（表8-1）．内閣府の調査結果によると，こうした「性別分業意識」についての考え方は，「賛成」の考えが徐々に減少し，「反対」が増加する傾向にあった[1]．しかし「夫は外で働き，妻は家庭を守るべきである」という「性別分業意識」がいまだに根強く残っていると報告されている．

ここでいう性別分業は，「近代産業社会は公的領域（職業）と私的領域（家族）とを明確に分離し，前者に価値の中心を置くが，この公／私に男／女を振り

表8-1 「男は外で働き，妻は家庭を守るべきである」という考え方

性別	賛成（%）	反対（%）
男性	55.1	41.0
女性	48.4	48.8
全体	51.6	45.1

年代別	賛成（%）	反対（%）
20歳代	50.0	46.7
30歳代	46.7	50.6
40歳代	45.6	51.0
50歳代	43.4	53.1
60歳代	54.0	42.6
70歳以上	63.5	33.1

内閣府「男女共同参画社会に関する世論調査（平成24年10月）」の調査報告書における「家庭生活等に関する意識について（図-14）」のデータをもとに作成した．賛成の割合は「賛成」，「どちらかというと賛成」を，反対の割合は「反対」，「どちらかというと反対」を合わせたものである．
http://survey.gov-online.go.jp/h24/h24-danjo/2-2.html　27.6.23

分け，社会規範によって固定化した役割分業をさす」と定義されている（鈴木幸壽他編：2006）．内閣府による調査結果は，農家女性の意識にも存在していることが確認された．それは，「高度経済成長期世代」の対象者のW氏が「明日レストランだと思えば頑張って家の仕事をする」，「H市地方生活研究グループ連絡協議会会長職を担っていることを夫には言えない」と話していることや，事務職に就いている同世代のU氏が「義母の介護は私の務め」とし，昼の休憩時間には必ず家に帰り食事や排せつの介助を行っていることである．「高度経済成長期世代」の農家女性は，物質的な豊かさの中で成長し，高学歴になり男女共同参画社会という時代背景の中で，多様な価値観を醸成した世代である．しかし，私的領域である家庭内では，「頑張って家の仕事をする」，「義母の介護は私の務め」など，農家女性自身に「妻は家庭を守る」という「性別役割分業意識」が強く存在していた．両氏の行動は，社会規範によって役割を知覚・自認し遂行した結果である．つまり，「頑張って家の仕事をする」こと，「義母の介護は私の務め」という知覚は，「妻（女性）の役割」であるという社会規範に則った結果によるものである．また，「頑張って家の仕事をする」，「介護は私の務め」という行動は，夫の妻に対する役割期待に対しての結果であり，夫が妻に対して家事や介護を期待していると捉えることができる．

　農家女性に存在している「性別役割分業意識」は，夫である男性にも存在していた．第6章2節「T地区における農業経営と家族役割の変化」で，1955年，1975年，1995年，2010年の4時点における家族内の炊事担当者について把握した．夫が炊事を担当する割合は，1955年0％，1975年6.2％，1995年0％，2010年18.8％であった．この割合は，1955年〜2010年の間に，少数ではあるが増加傾向にあることが確認されたが，全体からみると2割に満たない現状であり，「家事は女性の役割」という分業意識が夫の側にも存在することを示すものである．

　わが国における超高齢化社会は，介護に関わる人材不足や経済的な問題を抱えており，高齢者の一人ひとりに自立した生活が求められている．そのためには，男性と女性が互いに支え合い，公的領域と私的領域に分離した役割分業意識を緩やかにした働き方や生活の仕方が必要となる．つまり，夫は外で働き，妻は家庭を守るというように男女で役割を分けるのではなく，状況によって相互に交換可能という柔軟な考え方を筆者は「性別役割分業意識の融合」と捉えた．ここでは，性別分業の具体例として家事についてのみ論じたが，農業経営における分業

意識についても同様な考え方が必要である．しかし，今回の調査においてこの点について把握できなかったことが課題として残っている．

第2節では，高齢化社会における生きがいのある生き方への提言について述べた．超高齢化社会は高齢者一人ひとりが自立した生活が求められる．そのためには，「性別役割分業意識の融合」の働き方や生活の仕方が必要となることについて述べた．

第3節　残された課題

最後に，残された課題として調査項目の設定に関する問題と農家の「性別役割分業意識の融合」をどのように進めていくのかについてまとめておきたい．

1．調査項目の設定に関する問題

本書は，T地区の事例から農家女性のグループ活動が個々の女性の生きがいに与える影響について論じた．農家女性の背景を探るために，第2章で戦後日本の農業と農家について，第4章では農家女性に対する普及活動について岩手県の生活改良普及員から聞き取りを行った．また，第7章では，本研究における生きがいの定義を軸としてT地区の農家女性のグループ活動と生きがいについて考察した．第6章では家族役割の変化を把握するために，家族内における家事役割について聞き取りを行った．この結果をもとに前節で論じたように，「性別役割分業意識」は農家女性のみならず男性にも存在したことを導いた．この結果は，家事役割における「炊事担当者」の推移に視点をあてて分析したものである．しかし，家事役割全体を把握するためには家事，介護，子育てを担うものの把握が必要であるが，本書では調査技法の問題から全体を把握するまでに至らなかった．

2．高齢化社会における性別役割分業意識のとらえ方

「性別役割分業意識の融合」は，男女で役割を分けるのではなく，高齢化社会においては状況によって相互に交換可能な働き方や生活の仕方の必要性を示すものである．「性別役割分業意識の融合」の働き方や生活の仕方の前提には，一人ひとりが自律した生活ができることが求められる．家族成員の一人ひとりが自律に向かうための方法として農家においては，「家族経営協定」を結ぶことがあげられる．しかし，本論文では調査まで及ばなかった．今後は，「家族経営協定」の実態とともに，家族成員が「家族経営協定」をどのように捉えているのか把握

し，「性別役割分業意識の融合」の具体的なモデルの提示へ向けた調査研究を続けていきたいと考える．

注

1) 内閣府「男女共同参画社会に関する世論調査（平成 4 年～平成 21 年)」の調査報告書によると，"男は外で働き，妻は家庭を守るべきである"という考え方に「賛成」する割合は，平成 4 年 60.1%，平成 9 年 57.8%，平成 14 年 46.9%，平成 16 年 45.2%，平成 19 年 44.8%，平成 21 年 41.3%となっている．一方，「反対」の割合は，平成 4 年 34.0%，平成 9 年 37.8%，平成 14 年 47.0%，平成 16 年 48.9%，平成 19 年 52.1%，平成 21 年 55.1%である．(http://www.gender.go.jp/public/kyodosankaku/2012/201303/201303_05.html，27.6.23)

50ccの原動機付自転車免許のみで乗車できる車

公民館でのインタビューの様子

公民館での加工品出荷作業

味噌の原料の大豆を煮て熱を下げているところ

加工品の産直販売

文　献

安立清史　1996a,「ボランティア活動の日米比較 (1)」,『月刊福祉』8月号, 全国社会福祉協議会.

安立清史　1996b,「ボランティア活動の日米比較 (2)―意識調査の結果とボランティ活動の日米比較―」,『月刊福祉9月号』, 全国社会福祉協議会.

安立清史　1998,「福祉社会におけるボランティア活動と NPO―病院ボランティア, 老人ホームボランティアの日米比較から」(青井和夫他編『福祉社会の家族と共同意識』), 梓出版社.

安立清史　1998,『市民福祉の社会学―高齢化・福祉改革・NPO』, ハーベスト社.

安立清史　2001,「病院ボランティアの調査結果から」(日本病院ボランティア協会編『病院ボランティア―やさしさのこころとかたち』) 中央法規出版.

安立清史　2003「高齢者 NPO と『生きがい』の実現―エセル・パーシー・アンドラスと AARP の展開に見る『生きがい』の社会学的考察―」(『生きがい研究 (9)』, 44-68, 財団法人長寿社会開発センター).

秋津元輝　2007,「農村ジェンダー研究の動向と課題」(秋津元輝他著『農村ジェンダー―女性と地域への新しいまなざし―』, 3-37, 昭和堂).

天野寛子　2001,『戦後日本の女性農業者の地位―男女平等の生活文化の創造へ―』, ドメス出版.

阿南みと子, 佐藤鈴子　2004,「中都市地域に住む在宅障害高齢者の生きがい意識」(『第35回日本看護学会論文集：地域看護』, 12-14).

青柳涼子　2004,『農家家族契約の日・米・中比較』, 御茶の水書房.

有馬洋太郎　2011「埼玉県の女性が語る生活改善普及事業」(田中宣一編著『暮らしの革命―戦後農村の生活改善事業と新生活運動』, 142-145, 農山漁村文化協会).

江原由美子・金井淑子編　2002, フェミニズムの名著50, 平凡社.

藤井智惠子, 多田敏子, 岡久玲子他　2011,「山間地域で主体的に運営する産業に従事している高齢者の保健行動」(『The Journal of Medical Investigation 9 (2)』, 15-24).

藤井和佐　2007,「克服か回避か―地域女性リーダーの歩む『場』の構築―」(秋津元輝他著『農村ジェンダー―女性と地域への新しいまなざし―』, 71-109, 昭和堂).

藤本弘一郎他　2004,「地域在住高齢者の生きがいを規定する要因についての研究」(『厚生の指標51』(13), 24-32).

布川清司　2006,「戦後日本の高度経済成長と労働倫理」(『第一福祉大学紀要 (3)』, 113).

布川清司　2010「中山間地域における高齢者の生活とそれを取り巻く環境―長野県辰野

町における実態調査から―」(『日本福祉大学経済論集 第40号』，61-75).
濱嶋　朗・竹内郁郎・石川晃弘編 2001,『社会学小辞典』，有斐閣.
長谷川明弘，藤原佳典，星　旦二 2001,「高齢者の『生きがい』とその関連要因についての文献的考察―生きがい・幸福感との関連を中心に―」(『総合都市研究 75』，148).
長谷川明弘 2003,「高齢者における地域別にみた『生きがい』の実証的研究」東京都立大学都市科学研究科　博士（都市科学）学位論文.
長谷川明弘，藤原佳典，星　旦二他 2003,「高齢者における『生きがい』の地域差―家族構成，身体．状況ならびに生活機能との関連―」(『日本老年医学会雑誌 40（4）』，390-396).
原（福与）珠里 2009,『農村女性のパーソナルネットワーク』，農林統計協会.
樋口真己 2004,「高齢者の生きがいと学習」(『西南女学院大学紀要（8）』，65-73).
池上甲一 2013,『農の福祉力』，農村漁村文化協会.
石原　治・内藤佳津雄・長嶋　紀 1992,「主観的尺度に基づく心理的な側面を中心としたQOL評価作成の試み」(『老年社会科学 14』，43-51).
市田知子 2005,「戦後改革期と農村女性―県における生活改善普及事業の展開を手懸りに―」(田畑　保・大内雅利編『戦後日本の食料・農業・農村，第11巻　農村社会史』，37-62，農林統計協会).
岩崎由美子 1995,『家族農業経営における女性の自立』，186，農山漁村文化協会.
岩崎由美子 2001,『成功する農村女性起業』，家の光協会.
岩手県協同農業普及事業60周年記念会 2008,『いわての普及事業60年の歩み』，59，岩手県.
岩手県 1968,「普及員の体験20年の記録」(『農業改良普及事業20周年記念誌』，26-45，岩手県農業改良普及会).
岩手県 1968,「農家と共に」(『農業改良普及事業創設20周年記念誌』，21，岩手県).
岩手県地域婦人団体協議会 1981,「岩手県地域婦人団体協議会―地位の向上と地域社会の発展を目指して―」(岩手県企画調整部青少年婦人課編『岩手の婦人』，岩手県，367-369).
岩手県生活改善実行グループ連絡研究会 1981,「岩手県生活改善実行グループ連絡研究会」(岩手県企画調整部青少年婦人課編『岩手の婦人』，岩手県，438).
桂　明弘 2007,「西日本における生産組織と村落」(日本村落研究学会編『むらの資源を研究する』，農山漁村文化協会，155).
鎌田次郎，近藤　勉 2000,「高齢者の生きがい感スケール（K-1式）の作成及び生きがい感の定義（その2）」(『老年社会科学 22（2）』).
上子武次 1979,『家族役割の研究』，ミネルヴァ書房.

神谷美恵子 1966（2007），『生きがいについて』，みすず書房．
金子　勇 2004，「高齢者類型ごとの生きがいを求めて」（『生きがい研究（10）』，財団法人長寿社会開発センター，4-18）．
菅野　和 2005，「かがやく女性たち」（『農業普及』，6-7，岩手県農業改良普及会）．
片倉和人 2011，「生活改善普及事業の思想」（田中宣一編著『暮らしの革命—戦後農村の生活改善事業と新生活運動』，119-140，農山漁村文化協会）．
川手督也 2007，「今，農村家族の問題は何か—その現状・動向・課題—」（鳥越皓之編『むらの社会を研究する』，84-92，農山漁村文化協会）．
小林珠美，田中寿恵，多田敏子 2008，「山間地域の高齢者の就業がQOLに影響を及ぼす要因について」（『Quality of Life Journal 9（1）』，23）．
小林　司 1989（2001），『「生きがい」とは何か　自己実現へのみち』，日本放送出版会．
近藤　勉 2003，「高齢者の生きがい感測定におけるセルフ・アンカリングスケールの有効性」（『老年精神医学雑誌14（3）』，339-344）
近藤　勉，鎌田次郎 2000，「高齢者の生きがい感スケール（K-1式）の作成及び生きがい感の定義（その1）」（『老年社会科学 22（2）』）．
近藤　勉，鎌田次郎 2004，「高齢者の生きがい感に影響する性別と年代からみた要因—都市の老人福祉センター高齢者を対象として—」（『老年精神医学雑誌15（11）』，1281-1290）．
厚生統計協会 2000，「国民福祉の動向」，厚生の指標　臨時増刊 47（12），203-206．
厚生統計協会 2012/2013，「国民福祉と介護の動向」，厚生の指標　臨時増刊 59（10），160．
熊谷苑子 1991，「農業機械化と農家婦人生活の変化—生活時間事例調査をつうじて—」（『清泉女子大学紀要（39）』，117-129）．
熊谷苑子 1995，「家族農業経営における女性労働の役割評価とその意義」（『年報　村落社会研究第31集　家族農業経営における女性の自立』，8-26，農山漁村文化協会）．
熊谷苑子 1998，『現代日本農村家族の生活時間』，学文社．
熊谷苑子 2000，「農村家族の変容と女性の地位」（『農業と経済 66（11）』，47-53）．
熊谷佳枝 1981，「岩手婦人の軌道」（岩手県企画調整部青少年婦人課『岩手の婦人』，27-189，岩手県）．
熊野道子 2005，「生きがいを決めるのは過去の体験か未来の予期か？」（『健康心理学研究（18），1）．
桑原イト子 1989，『野に咲く千草—昭和からのメッセージ—』，自費出版．
桑原イト子 1995「岩手から地球社会に向けて—農と農民生活をもとにした共生社会づくり—」（『生活改良普及員への応援歌』，岩手県職員労働組合普及職員協議会，95）．
牧　賢一 1972，「老人の生きがい」（『厚生の指標 19（14）』，14-22）．

Maslow, A. H 1954, Motivation and Personality（小口忠彦監訳（1971）『人間性の心理学』産業能率大学出版会）Harper & Row, Publishers, Incorporated.

松村喜世子，岩本淳子，車屋典男他 2003「在宅高齢者が健康で健やかに生きるための生きがい構造」(『第34回日本看護学会論文集：地域看護』, 121-123).

松岡昌則 2011,「イエ・ムラ理論」(日本社会学会 社会学事典刊行委員会編『社会学事典』, 丸善出版株式会社).

丸岡秀子 1980,『日本農村婦人問題』, ドメス出版.

見田宗介 1965,『現代日本の精神構造』, 弘文堂.

見田宗介 1970,『現代の生きがい—変わる日本人の人生観—』, 日本経済新聞社.

光岡浩二 2001,『日本農村の女性たち』, 日本経済評論社.

宮城道子 2001,「女性起業の新しいステップ」(岩崎由美子，宮城道子編『成功する農村女性起業』, 8-9, 家の光協会).

森いずみ，植津有花，大野さちこ他 2001,「老人クラブに所属する高齢者の生きがいの質—写真に映された『生きがい』のインタビュー調査から—」(『第32回日本看護学会論文集：老年看護』, 213-215).

森 俊太 2001,「第3章 日常世界と生きがいの関係」(高橋勇悦, 和田修一編『生きがいの社会学』, 91-110, 弘文堂).

村井隆重 1981「老人の生きがいに関する調査」(『厚生の指標 28（7）』, 24-31).

村瀬孝雄 1994「来談者中心療法」(村瀬孝雄編『臨床心理学』放送大学教育振興会 120).

森岡清美, 塩原勉, 本間康平他編 1993 『新社会学大辞典』有斐閣.

森岡清美・望月 嵩 2001,『新しい家族社会学』培風館.

長濱健一郎 2007,「集団的土地利用」(日本村落研究学会編『むらの資源を研究する』, 26-33, 農山漁村文化協会).

中間由紀子，内田和義 2010,「生活改善普及事業の理念と実態—山口県を事例に—」(『農林業問題研究 46（1）, 1-13』.

中間由紀子，内田和義 2015,「戦後東北地方における生活改善普及事業—農林省の基本方針に対する青森県の対応—」(『農林業問題研究 51』, 44-49).

中道仁美 1995,「農村女性研究の展開と課題」(『年報 村落社会研究第31集 家族農業経営における女性の自立』, 136-169, 農山漁村文化協会).

中道仁美 2007,「農村女性とパートナーシップ」(鳥越皓之編『むらの社会を研究する』, 118-124, 農山漁村文化協会).

新村出編 2008,『広辞苑』, 岩波書店.

二宮一枝, 難波峰子, 北園明江他 2004,「中山間地域における中高年の地域活動と定住願望・生きがいとの関係」(『日本地域看護学会誌 24（1）』, 75-80).

野田陽子 1983,「老年期の生きがい特性」(『老年社会科学』, 114-128).
小田切徳美 1995,『日本農業の中山間地問題』, 農林統計協会, 12.
太田美帆 2004,「生活改良普及員に学ぶファシリテーターのあり方―戦後日本の経験からの教訓―」, 独立行政法人国際協力機構国際協力総合研修所　調査研究グループ　平成15年度　独立行政法人国際協力機構　準客員研究員報告書, 1-140.
大友由紀子 2007「縮小化する世帯・家族と家の変化」(鳥越皓之編『むらの社会を研究する』農山漁村文化協会, 76-84).
大槻優子 2012,「中山間地域における農家女性のグループ活動が個々の女性の生きがいに与える影響―岩手県T地区の事例から―」(『淑徳大学大学院総合福祉研究科研究紀要 19』, 33-51).
大槻優子 2014,「生活改善普及事業における普及活動と農家女性―生活改良普及員からみた農家女性の変化―」(『つくば国際大学研究紀要 (5)』, 71-88).
大内雅利 2005,「高度経済成長下での農村社会の変貌」(田畑　保・大内雅利編『戦後日本の食料・農業・農村　第11巻　農村社会史』, 155-213, 農林統計協会).
小内純子 2007,「担い手としての高齢者」(鳥越皓之編『むらの社会を研究する』, 24-131, 農山漁村文化協会).
佐久間政広 2007,「農業の近代化とむらの変化」(鳥越皓之編『むらの社会を研究する』, 47-54, 農山漁村文化協会).
佐野賢治 2011,「大宮講から若妻学級へ」(田中宣一編著『暮らしの革命―戦後農村の生活改善事業と新生活運動』農山漁村文化協会 373-394).
笹田昭市 1995,「生活改善課題の歴史」(岩手県職員労働組合普及職員協議会『生活改良普及員への応援歌』, 31, 岩手県).
佐藤宏子 2007,『家族の変遷・女性の変化』日本評論社.
関　満博 2009,『「農」と「食」の農商工連携』新評論.
関　奈緒 2001,「歩行時間, 睡眠時間, 生きがいと高齢者の生命予後に関連するコホート研究」(『日本衛生学雑誌 56 (2)』, 535-540).
柴田　博 1998「求められている高齢者像」(東京都老人総合研究所編『サクセスフル・エイジング』, 51, ワールドプランニング).
澁谷美紀 2007「『経営の参画』から『社会への参画』へ―家族農業経営における女性の自己決定―」(秋津元輝他著『農村ジェンダー―女性と地域への新しいまなざし―』昭和堂 39-69).
新保　満, 松田苑子 1986『現代日本農村社会の変動』御茶の水書房.
蘇珍伊, 林暁淵, 安壽山他 2004「大都市に居住している在宅高齢者の生きがい感に関連する要因」(『厚生の指標 51 (13)』, 1-6).
園田順一 2001,「高齢者の自己効力感に関する研究―生きがいと環境要因との関わり

—」(『心身医学 41』, 87).
須貝孝一他 1996,「地域高齢者の生活全体に対する満足度と関連要因」(『日本公衆衛生学 43 (5)』, 374-389).
杉岡直人 2000,「農村社会の高齢期家族と生活課題」(染谷俶子編『老いと家族』, 157-173, ミネルヴァ書房).
鈴木春雄 2000,「社会的地位」(森岡清美, 塩原 勉, 本間康平編集『新社会学辞典』, 642, 有斐閣).
鈴木幸壽・森岡清美・秋元律郎他監修 2006,『社会学用語辞典』, 52, 193, 学文社.
高橋久子・原田冴子・湯沢雍彦 1991,「農山漁村婦人」(『戦後婦人労働・生活調査資料集第 21 巻生活編』, 522, 労働省婦人少年局).
高橋勇悦 2001,「生きがいの社会学」(高橋勇悦・和田修一編『生きがいの社会学』, 281-282, 弘文堂).
竹前栄治 1983,『GHQ』, 岩波新書.
竹村和子 2000,『フェミニズム』, 岩波書店.
田中宣一 2011,「生活改善諸活動について」(田中宣一編著『暮らしの革命—戦後農村の生活改善事業と新生活運動』, 11-28, 農山漁村文化協会).
富田祥之亮 2011,「農山漁村における『生活改善』とは何だったのか—戦後初期に開始された農林省生活改善活動」(田中宣一編著『暮らしの革命—戦後農村の生活改善事業と新生活運動』, 28-58, 農山漁村文化協会).
津田理恵子 2009,「グループ回想法の介入効果—特別養護老人ホーム入居者の生きがい感—」(『厚生の指標 56 (10)』, 34-40).
靏理恵子 2007『農家女性の社会学—農の元気は女から—』, コモンズ.
靏理恵子 2014「農村における女性—エンパワーメントと価値の創造」(桝潟俊子・谷口吉光・立川雅司編著『食と農の社会学』, 233-255, ミネルヴァ書房).
鶴若麻理 2003「高齢者のナラティブを通してみた高齢期と生きがい」(『生きがい研究 (18)』, 16-34, 財団法人長寿社会開発センター).
牛山敬二 2005「戦後改革期の農村社会」(田畑保・大内雅利編『戦後日本の食料・農業・農村, 第 11 巻 農村社会史』, 1-35, 農林統計協会).
渡辺めぐみ 2009,『農業労働とジェンダー 生きがいの戦略』, 有信堂.
山田忠雄他編 2000,『新明解国語辞典』, 三省堂.
山本松代 1949,「課長挨拶」(農林省農業改良局生活改善課『生活改善事務打合会議録』, 農林省).
山下照美, 近藤享子, 田中 隆他 2001「施設高齢者の生きがい感と QOL との関連について」(『厚生の指標 48 (4)』, 12-19).
横溝輝美, 遠山尚孝 2004,「高齢者のパーソナリティ・パターンと生きがいの関係につ

いて」(『心身医学 44(3)』, 236)

【WEB 上の文献】
内閣府

内閣府政府広報室「高齢社会対策に関する特別世論調査」の概要, 平成17年10月, http://survey.gov-online.go.jp/tokubetu/h17/h17-kourei.pdf (2015.12.12 閲覧)

平成20年版　高齢者白書, http://www8.cao.go.jp/kourei/whitepaper/w-2008/gaiyo/html/s1-2.html (2013.11.20 閲覧)

平成24年版　高齢者白書, http://www8.cao.go.jp/kourei/whitepaper/w-2012/zenbun/24pdf_index.html (2015.12.12 閲覧)

内閣府エイジレス・ライフ及び社会参加活動の紹介, http://www8.cao.go.jp/kourei/kou-kei/age_list_all.htm (2015.12.12 閲覧)

平成27年版高齢社会白書, http://www8.cao.go.jp/kourei/whitepaper/w-2015/html/gaiyou/s1_1.html (2015.10.30 閲覧), http://www8.cao.go.jp/kourei/whitepaper/w-2014/gaiyou/s1_1.html (2015.10.25 閲覧), http://www.gender.go.jp/about_danjo/law/kihon/9906kihonhou.html (2013.11.20 閲覧)

農林水産省, http://www.maff.go.jp/j/keiei/kourei/danzyo/d_cyosa/woman_data5/pdf/2007_kigyo.pdf (2011.9.16 閲覧)

農林水産省, http://www.maff.go.jp/j/tokei/census/afc/index.html (2011.9.16 閲覧)

農林水産省, http://www.maff.go.jp/j/kobetu_ninaite/n_seido/seido_syuuraku.html (2015.9.30 閲覧)

農林水産省, http://www.maff.go.jp/j/tokei/census/afc/past/pdf/cp002.pdf (2015.10.25 閲覧)

厚生労働省, http://www.mhlw.go.jp/toukei/saikin/hw/kaigo/kyufu/10/index.html (2011.9.16 閲覧)

厚生労働省, http://www.mhlw.go.jp/toukei/saikin/hw/life/life10/03.html (2011.9.16 閲覧)

文部科学省, http://www.mext.go.jp/b_menu/toukei/chousa01/kihon/1267995.htm (2015.9.30 閲覧)

十日町市 2007, 中山間地高齢化集落生活実態アンケート調査結果報告書, www.city.tokamachi.lg.jp/page/000004891.pdf (2014.5.6 閲覧)

公益財団法人, 日本女性学習財団キーワード・用語解説, http://jawe2011.jp/cgi/keyword/keyword (2014.5.6. 閲覧)

石田信隆 2003,「農家負債対策と農協」『農林金融 2003 (12)』, 25-26, http://www.nochuri.co.jp/report/pdf/n0312re2.pdf#search (2012.6.25 閲覧)

吉川　洋・宮川修子　2009,「産業構造の変化と戦後日本の経済成長」(経済産業研究所『RIETI Discussion Paper Series』, 09-J-024), http://www.rieti.go.jp/jp/publications/dp/09j024.pdf (2014.9.15 閲覧)

小峰隆夫の地域から見る日本経済, http://www.jcer.or.jp/column/komine/index338.html (2014.5.6 閲覧)

長島愛生園歴史館, http://www.aisei-rekishikan.jp/exhibit2.html (2015.9.30 閲覧)

【センサス】

- 「第3次岩手農林水産統計年報（農林編）昭和30年（1955）」, 1956, 岩手農林統計協会.
- 「1955年臨時農業基本調査市町村別統計表」, 農林省統計調査部編.
- 「1960年世界農林業センサス市町村別統計書 NO.3　岩手県」, 農林省統計調査部.
- 「1965年農業センサス岩手県統計書」, 農林省統計調査部.
- 「1975年農林業センサス岩手県統計書」, 農林省. http://www.maff.go.jp/tohoku/seisaku/gurafutozu/pdf/05_2014nougyoukeiei3.pdf, 農林経済局統計情報部.
- 「岩手農林水産統計年報　昭和59年～60年（1984～1985）」, 東北農政局岩手統計情報事務所.
- 「1995年農業センサス　第1巻　岩手県統計書」, 農林水産省統計情報部.
- 「2005年農林業センサス　第1巻　岩手県統計書」, 農林水産省統計部.

あ と が き

　筆者は，助産師として7年の臨床経験を経て看護教育に携わった．看護教育の中でも女性を対象とする領域を担当し，研究領域もそれぞれのライフステージの女性に関するテーマが多い．筆者が看護教育に携わることになった1980年代後半は，わが国でも不妊治療が盛んに行われ，「不妊」をキーワードとする研究の報告がされるようになった．このような背景により，筆者は不妊夫婦に関するテーマで修士論文をまとめた．この論文をまとめるにあたり，全国規模の「不妊の会」会報で研究への協力を呼びかけた結果，数名の方に協力が得られた．その中の一人が岩手県在住の菅野和様であった．早速インタビューのお願いをしたところ「インタビューだけではなく，私の日常生活も見て頂きたい」というご提案を頂いた．筆者は関東在住のため「インタビューの際は菅野宅に宿泊してください」というご提案も頂いた．何の面識もないお宅に宿泊することにかなり戸惑ったが，宿泊させて頂きインタビューを終えることができた．このとき，菅野和さんが所属する「生活研究グループ」の活動を拝見し，農家女性の方々が生き生きと活動している様子に強烈な印象を受けた．中高年の農家女性との出会いについては，本書「序章　研究の動機と方法」で述べたが，中山間地域の農家女性の方々が，生き生きと活動している理由は何かという疑問が生じ研究するに至った．

　本書は，出版に至るまで約8年を要し，これまでに多くの方々のご協力，ご指導，ご尽力を頂いた賜物であり心から感謝申し上げたい．淑徳大学大学院でご指導頂いた松田苑子先生には，筆舌に尽くしがたいほどのご指導を頂いた．特に先生が定年退職をされた後も定期的にご指導を頂き深く感謝する次第である．

　生活改善普及事業は，昭和23年に制定された「農業改良助長法」によって進められ，岩手県でも生活改良普及員の養成と生活研究グループの発足に力を注いだ．本書では生活改良普及員の活動を把握するため，5人の生活改良普及員の方からお話を伺った．特に，遠方から出向く筆者を自宅に泊めてくださり，その後も大変お世話になった農業講習所1期生桑原イト子様には心より感謝申し上げる．しかし，本書の出版の報告ができないまま永遠のお別れをすることになり申し訳なく思う（平成28年没）．また，岩手県における戦後の農業経営の変化につ

いては，花巻市鷹巣堂の農家の皆様からお話を伺った．農作業でお忙しい中ご協力いただき感謝申し上げる．

そして，何より本書のテーマである生活研究グループで活動する7名の農家女性の方がたには，研究を始めた平成20年から現在までの長きに渡りご協力，励ましを頂き，いつも温かく見守ってくださり感謝申し上げる．なかでも，本書の研究動機につながる機会を与えて頂いた菅野和様とご家族の皆様には大変お世話になり，本書出版までにたくさんの示唆を頂き心より感謝申し上げる．いつもご自慢の漬物で接待して頂いた菅野清子様（菅野和様義母）には，墓前に報告したい（平成30年没）．

本書の出版に際し，筆者が挫けそうになった時に「農村の高齢化・過疎化が進む現状で，農村における生活と福祉の問題は重要な問題であり，戦後急速に変化した農村社会の歴史の記録を残すという意義がある」と，背中を押して頂いた編集長の小島英紀様はじめ，養賢堂の皆様に感謝いたします．

最後に，仕事と両立しながら研究を続けてこられたのも家族の協力があってのことと，長女ゆかと次女まいに，心より感謝します．

2018年11月

大 槻 優 子

【著者略歴】

2012年　淑徳大学大学院総合福祉研究科社会福祉学専攻博士後期課程満期退学
1977年　藤沢市民病院産科病棟助産師
1986年　順天堂看護専門学校
　　　　順天堂医療短期大学看護学科助手・講師
　　　　順天堂大学医療看護学部准教授
2008年　獨協医科大学看護学部准教授
2010年　上武大学看護学部准教授・教授
2013年　つくば国際大学医療保健学部看護学科教授（現在）

索 引

あ行

愛妻貯金：75
明るい住みよい住宅：59
アクティブ・エイジング：1
アソシエーション行動：48
新しい農家経営の確立：64
生きがい：1, 4-5, 81, 127, 134, 157-158, 165, 167-170, 173-174, 176-178, 181-182, 184
生きがい感：25
生きがい感スケール：13, 30
生きがいの構成要素：22, 31
生きがいの構造：22, 31
生きがいの質：24
生きがいの種類：24
生きがいの定義：25, 32
生きる意味：29
生きる意欲：29-30
生きるかい：29
生きる価値：29
生きる価値体系：29
生きる動機：29
衣生活指導：58
一日米一握り運動：158
岩手県活動奨励賞：152
岩手県生活研究グループ連絡協議会：67

岩手県中央農業改良普及センター：4
岩手県農業発展計画：60
岩手県農山漁村住宅改善推進協議会：60
岩手県農山漁村女性組織連携会議：65-66
インフォーマル：176
美しい農村づくり：63
影響要因：4-5, 174
エセル・パーシー・アンドラス：12, 22
大型機械：122-123, 149, 151
大型機械の導入：90
おしどり会：73-74

か行

介護施設：99
介護者：99
介護認定者：97
介護保険制度：97, 183
介護保険法：1
回想法：13
快適な住まいの環境づくり：63
改良かまど：159
改良作業衣：159
改良普及員：64, 72
化学肥料：40
核家族：42, 51, 100, 118, 126
家計簿記帳：75

索引

家計簿コンクール：77
加工販売：147, 152
可視的な存在：76
家事役割：117, 126, 187
家事労働時間：91
過疎化：34
家族関係の変化：46
家族経営協定：65, 83, 85-86, 94, 187
家族形態：118
家族農業経営：85
家族役割：101, 106
価値意識：25
価値観：23, 48, 51, 100, 134, 145-147, 150-154, 159, 167, 171-172, 175, 177-178, 186
価値体系：164
活力：78, 150
家庭管理指導：58
かまど改善：58-59, 73
機械化：33-34, 41, 46, 51, 100-101, 171
機械化貧乏：40
基幹的農業従事者：46, 84, 131, 135, 137, 140, 142-143
技術の伝承：177
技術力：78, 150
記帳農家の育成：59
機能的集団：48, 51
規範：48, 51, 97, 101, 166
基盤整備事業：40
義務教育：33
教育基本法：33
教育制度：33

共同経営：131
金婚漬：137, 158, 160
近代化：34, 46
近代的農業：40-41, 90
グループ活動：4
経営耕地面積規模：107
経営耕地面積規模別農家数：120-121
経営耕地面接規模別経営対数：36, 41
経済力：78, 94, 150, 159, 176
研究枠組：4
兼業化：1, 33-34, 38, 41, 46, 48, 51, 83, 97, 100, 112, 126, 159, 171
兼業地帯：45
兼業農家：151
減反政策：33
後期高齢者：2
後継者：139
後継者の就農：88
耕作面積：33, 41, 171
構造改善事業：40
耕地面積：100
肯定的感情：178
高度経済成長：33-34, 41, 46, 48, 50, 90, 159, 171
高度経済成長期：97, 151, 153, 183
高度経済成長期世代：170-172, 176-177, 184, 186
高度成長下の対応：59, 65
交友活動：3, 184
交流会：136
ゴールドプラン（高齢者保健福祉推進10ヵ年戦略）：1

高齢化社会：99
高齢化率：44, 97
高齢者の語り（ナラティブ）：21
高齢者福祉政策：4, 97
高齢者保健施策：183
国民生活基礎調査：42
心の張り：10
小作：170
個人化：1, 97
個人活動：48
個人主義的：97
個人主義的価値観：48
個人単位：48, 50
個性的：167
個別指導：158
個別主義的：1
米生産調整への対応：59, 65
雇用労働者：35
混住化：34, 48

さ行

在宅高齢者：2
在宅障害高齢者：12
作目型作業衣の改善：59
山間地域：3
参政権：33
産地直売所：133, 136, 150, 159, 167
三ちゃん農業：39, 50
産直加工所：5
産土農産加工：164, 176-178
ジェンダー：82
自己効力感：11

自己啓発：141
自己肯定感：78, 150
自己実現：11, 23-25, 31-32, 48, 50-51,
　　　　 101, 145, 157, 169, 171-173, 175-
　　　　 176, 178, 183-184
次世代リーダー育成：65
施設園芸農家：40
質実健全な生活経営の確立：63
地主：170
地場産物：159
自発性・積極性：8, 11
自発性：150
自発的行為：169
自分らしさ：11
社会化：165
社会規範：165, 186
社会参画：92
社会進出促進施策：172, 177, 184
社会的活動時間：48, 51
社会的地位：92
社会的なつながり：3, 184
社会的評価：78, 94, 148, 150
社会的文化的生活時間：91
社会の役割：3
充実感：8, 11, 148, 150, 168-169
従属変数：4-5
住宅改善指導：58
住宅貸付資金制度：77
集団活動：2, 184
集落営農：63
主観的健康感：3
主観的幸福感：3

食生活指導：58
食料・農業・農村基本法：82
情緒的サポート：183
情緒的結びつき：50-51
情緒的結びつき：101
昭和一桁世代：149, 170-172, 184
女性高齢者：3
女性議員：33
女性基幹的農業従事者：83-84
女性起業：82, 159
女性認定農業者：83-85
女性農業委員：84-85, 92
女性農業者：84, 91-92
女性の社会活動：144, 153, 172
女性の社会進出：144, 153, 159
自立化：97
人生観：5
人生の意味：8, 10
新築・改築の設計作成：59
心理的安定感：11
心理的関係：92
炊事時間：48
炊事担当：106, 124-126, 142
水田農業確立への対応・集落営農への対応：66
生活改善課：53, 158, 174
生活改善グループ：53, 66
生活改善実行グループ連絡研究会：75
生活改善実行田：75
生活改善指定部落：66, 158-159
生活改善の快適化：64
生活改善普及事業：2-3, 9, 53, 58, 69, 72, 76, 100, 150, 158, 174
生活改良普及員：4, 56, 58, 64, 66, 69, 72, 76, 94, 100, 128, 133-134, 136, 145, 150, 158-159, 165, 174-176, 178, 182
生活環境整備：59
生活研究グループ：2-5, 9-10, 31, 53, 69, 76-77, 99, 101, 114, 127-128, 133-136, 138-154, 158-159, 164-166, 168-169, 171-172, 174-178, 181-183
生活研究グループ連絡協議会：5, 128, 140, 142-143, 147-149, 153, 159, 164, 175-178, 182
生活時間調査：90
生活時間の変化：46-47
生活水準：41
生活のハリ：11
生産と生活改善活動：75
生産と生活の調和：63
青壮年：21
青年期：21
精農主義：48
性別分業意識：184-186
性別役割分業：82
性別役割分業意識の融合：186-188
生命予後：11
積極性：78, 94, 150
セルフ・アンカリングスケール：12
前期高齢者：2
専業兼業別農家数：34, 151
専業農家：112, 124, 126, 148, 151

専業農家数：34
全国家計簿コンクール：76
全面機械化：40
総兼業化：34
創作意欲：148
創造力：159, 176
総労働時間：170
組織育成と活動の助長：58
存在感：10-11, 168-169

た行

第1種兼業農家：112, 124, 126
第2種兼業農家：112, 124, 126, 151
第2次産業：33, 41
第3次産業：33, 41
脱農家・離農家：34, 39, 41
頼母子講：158
団塊の世代：149-150, 170-172, 176, 184
男女共同参画基本法：46, 83, 154
男女共同参画社会：84, 159, 186
男女共同参画社会基本法：184
男女共同参画社会に関する世論調査：184
男女雇用機会均等法：172
男性後期高齢者：3
男性前期高齢者：3
単独世帯：100, 118, 126
地域産業：3
地域食生活：64
地域女性リーダー：174, 176, 178
地域農業への対応：60, 66
地域農村物の利活用：64

地域濃密指導：59, 159
地域婦人会活動：135
地域連携：143
地区活動：142
畜産農家：40
地産地消：177
知的能動性：2
中高年女性：47
中山間地域：1, 97-98, 100, 183
超高齢化社会：100, 187
直系家族：42, 51, 72
直系家族：1, 97, 100, 118, 126
漬物加工：133, 148, 150
つながり意識：176, 178
ツノのない牛：76, 92
鉄山染め：77-78
伝統的社会的役割：165, 177, 183
伝統的社会的役割規範：166, 169, 175, 177, 182
統合力：78, 94, 150
特別養護老人ホーム：13
独立変数：4-5
土曜市：150

な行

内面化：165
苗代貯金：158
日常生活自立度判定基準：12
日本の将来推計人口：99
人情豊かな近隣関係の醸成：63
認定農業者：85
認定農業者制度：84

索 引　**205**

ネットワーク：81, 174, 177-178, 182-183
農外収入：43, 51, 100
農外就労：41, 43, 46-47, 83, 91, 101, 137, 148, 151, 153-154, 171, 176
農外就労時間：151
農家家族：33, 100
農家経営：64
農家女性：1-2, 33, 51, 97-98, 157-159, 165-166, 168-170, 173-175, 177-178, 183, 186
農家数：33, 41, 100
農家生活：33
農家生活の楽しみの創出：63
農家簿記記帳：62
農家レストラン：141-143, 147-149, 159, 176-178
農家労働力：33
農閑期：47-48
農休日：91
農業委員：65
農業委員会：83
農業改良局：53, 158
農業改良助長法：53, 158
農業改良普及事業：158
農業改良普及センター：88, 176, 178
農業機械：41, 97, 110, 123, 131, 137-138, 140, 142, 171
農業基本法：33
農業共同組合：92, 137
農業経営：90, 100-101, 106, 114, 131, 134, 148-150, 153-154, 169

農業経営基盤強化促進基本構想：84
農業経営と家族役割：4
農業経営の変化：4
農業研修所：152
農業後継者：65
農業講習所：69
農業構造改善事業：33
農業就業人口：43-44, 46, 51
農業振興事務所：88
農業センサス：4
農業大学校：71
農業短大：152
農業普及センター：145
農業労働の改善：64
農作業時間：91, 101
農作業担当：117
農作物別耕地面積：101, 109
農作物別農家数：121
農産加工：63, 77, 141, 153-154
農産加工技術：159
農産加工品：174, 178
農山漁村男女共同参画推進指針：82
農山村漁村女性：4
農山漁村の女性に関する中長期ビジョン懇談会：81
農産物加工技術：182
農産物直売所：94
農村環境：64
農村社会の活性化：63-64
農村女性リーダー：50
農村地域：2, 184
農地改革：33, 55, 63, 149

農地面積：118
農繁期：47-48, 100, 135
農林省生活改善課：174

は行

パーソナリティ：12
花巻農学校：134
ハンセン病：21
販売農家：34, 41
人とのつながり：78, 94, 138, 150
夫婦単位：50
フェミニズム・パースペクティブ：81
フェミニズム：82
不可視の存在：76
普及指導員：4
複合家族：118
複合経営：47
福祉政策：1
父子契約：86
婦人会：159
婦人部長：144, 147, 151
分業意識：186
補佐役規範：174-175
圃場：37, 41
補助金政策：40
補助事業：144
補助者：45, 83
ボランティア：166

ま行

見えない存在：83
味噌加工：137, 143, 145

未来性：28
民生委員：145
無償労働組織：45-46
無人市：50
村ぐるみ農業：64
面接調査 4

や行

役割：164
役割関係：92
役割期待：186
役割認知：166
役割分業意識：186
要介護者：183
要介護者数：99
余剰労働：90, 100, 151
余剰労働力：40, 41, 159, 171
余暇活動：2

ら行

ライフイベントの経験度尺度：13
ライフスタイル：183
ライフヒストリー：128
リーダーシップ能力：176
輪番制：139, 178
冷害と固定化負債への対応：66
労働時間：91
労働省婦人少年局：90
労働力：149
労働報酬：88
ロジャーズ：28

アルファベット

A・Hマズロー：28
GHQ：72
KJ法：11
meaning of life（人生の意味）：28

NPO：12, 22
PGC モラール・スケール：13
purpose in life（人生の目的）：28
QOL：11, 25
self-actualization（自己実現）：28

| JCOPY | ＜出版者著作権管理機構 委託出版物＞ |

2019年4月25日 第1版第1刷発行

農家女性の
グループ活動と生きがい

著者との申
し合せによ
り検印省略

ⓒ著作権所有

定価(本体4000円＋税)

著 作 者	大槻 優子 (おおつき ゆうこ)
発 行 者	株式会社 養賢堂 代表者 及川 清
印 刷 者	星野精版印刷株式会社 責任者 入澤誠一郎

〒113-0033 東京都文京区本郷5丁目30番15号

発 行 所　株式会社 養賢堂　TEL 東京(03)3814-0911 ｜振替00120
　　　　　　　　　　　　　　FAX 東京(03)3812-2615 ｜7-25700
　　　　　　　　　　　　　URL http://www.yokendo.com/

ISBN978-4-8425-0574-9　C3061

PRINTED IN JAPAN　　　製本所　星野精版印刷株式会社

本書の無断複製は著作権法上での例外を除き禁じられています。
複製される場合は、そのつど事前に、出版者著作権管理機構の許諾
を得てください。
(電話 03-5244-5088, FAX 03-5244-5089, e-mail:info@jcopy.or.jp)